「精英日課」人氣作家，帶你突破偏誤、盲點、僞邏輯，
以科學思考打造優勢決策——

高手決斷

萬維鋼——著

推薦文

做決定之前，你思考了嗎？

冬陽／推理評論者、廣播節目主持人

「人類一思考，上帝就發笑。」一九八五年，獲頒耶路撒冷文學獎的米蘭・昆德拉（Milan Kundera）在典禮演說上引用了這句猶太諺語，自陳「我喜歡把小說藝術來到世界想作是上帝笑聲的回音」。小說家如是說，那麼正在閱讀本文的你，曾經仔細想過「思考」的本質是什麼嗎？

教育部國語辭典說，思考是「一種較深入、周到的思想活動」；牛津字典釋義，思考是「運用心智去思慮事情、形成相互關聯的想法、嘗試解決問題」；腦科學家則會告訴你，思考是人類大腦運作的一環，諸如感受、判斷等各種意識經驗，乃源自腦神經活動的結果。

現代人可不比人類老祖宗，需要時時擔心營養不足、能量匱乏、資源取得和保存不易等攸關生死的問題，也毋須過度害怕其他生物的侵擾追獵，不必憂慮難以掌握的劇烈氣候之類涉及存亡的狀態。因為文明發展帶來的安全便利，使得你我不必僅靠本能反應來應付外界的多端變化。

這麼說來，聰明的人們應該相對有餘裕去思索龐雜又抽象、深入而全面的各類事物，並做出正確合理且面面俱到的完美決策，不是嗎？

理想上是如此，實則不然。

請回想自己的日常：睜眼醒來咕噥著可不可以再睡五分鐘？早餐吃麵包配咖啡還是蛋餅搭豆漿好？挑哪件衣服適合今天的會議場合？開車遇上交通打結，左轉往另一個方向走才趕得及上班打卡吧？提交的報告被打槍，老闆應該是不喜歡這部分囉？下班回到家吃飽飯，要追劇還是玩一下Switch？不然看看新聞評論節目好了，近來的國際局勢可能會影響我進出股市的時機……

諸多以為是三思而後行的決定，其實並沒有花多少心思在上頭，多半是根據經驗、迎合偏好、人云亦云的結果，甚或存在著趨吉避凶、多一事不如少一事的保守心態，能不出錯而過一天，就是愉快的小確幸。

別沮喪，這是人之常情，也符合大腦運作的基本原則，高生存低風險的經驗法則能讓生物體保有優勢；別動氣，沒暗批你耍廢不使腦袋，無所事事當米蟲或吸血鬼毫無貢獻。可是說真的，請別這樣維持現狀下去，在時局複雜、變化快速的今日，若愈擁有科學思考的能力，愈能做出具展望性的策略判斷。

這並非講求廣納知識、敦促明辨是非的傳統教誨提醒，而是務實地面對人類集體智慧提升（都要叩關星際旅行了）、資訊洪流漫溢（沒全面揭示的訊息算不算假新聞？）等交織成群的紛亂情勢，運用已獲實證的批判思維方式當作提升自我的有效手段。

「精英日課」講者萬維鋼的新作《高手決斷》，就是在做這樣的善意提醒，他列舉的論述法則並非新穎獨創，重點在於一針見血地指出常人所見所思的謬誤和盲點，同時提供循序漸進的蛻變之道。雖然行文走筆如往昔俐落有勁，但不知是否我想多了，總覺得文字背後似乎隱藏了對應那猶太諺語的憂慮急切：「你若再不思考，有人肯定要發笑啦！」

唔，我有必要再把這本頗有助益的書重頭細讀一遍才是。

推薦文

運用科學思考，找出解決之道

曹玉婷／臺大醫院北護分院主治醫師

我從萬維鋼的《高手思維》學到，如何從經典書中提煉新思維；從他的《高手學習》學到，如何運用策略來練就高效自學力；而現在，我又再一次獲益於他的新書——《高手決斷》！

身為物理學博士，他很擅長從複雜的現象中，看穿事物的本質，發現運作的原理。同時，身為一位高人氣專欄作家，他更懂得用說故事的方式，將深奧的理論思想，轉化為易於理解又有趣的知識與觀點。

本書討論的不只是科學家都必須具備的批判性思維，更是每個人都可以用於日常決策的科學方法。作者運用研究結果及實際案例，破除多數人常有的盲點與迷思，猶如醍醐灌頂，讀來十分暢快！讓人忍不住想立刻運用這樣的科學思考，在與我們切身相關的職場困境或社會議題中，找出解決方式，感受升級為高手的快樂。

推薦文

庖丁解牛的背後

陳鳳馨／時事評論者、廣播節目主持人

一直很喜歡萬老師的文章，他對拆解問題有獨到的功力，就像庖丁解牛，一刀切入，乾淨俐落，直指關鍵。

萬老師是物理學家，文章中卻能看出他對《中庸》、《孫子兵法》、《論語》、《孟子》等中國古籍熟悉且瞭若指掌，還隨時追蹤最新書籍，閱讀並融會貫通後，轉化為一般人都能理解、掌握的觀點。我曾看過他拆解賽局理論，也跟著他試著理解相對論。賽局理論我略有涉獵，相對論我則毫無基礎，但兩本書都讓我收穫滿滿。

這本《高手決斷》談的是一個根本的問題——我們思考嗎？我們會思考嗎？我們應該思考嗎？如何思考才能在似真似假、相互矛盾的資訊中，尋得對我們真正有用的訊息，做出最佳判斷？

我們確實可以不必思考，跟著社會環境、周遭親友隨波逐流，日子或許也能過得下去。不過，如果希望在社會混雜的訊息中，學會不人云亦云；在資訊不完全的情況下卻要做出關鍵決定時，能避免思維偏誤，學習科學思考就能帶來最佳幫助了。

推薦文

放下成見，換上一雙「科學思考者」之眼

楊斯棓／醫師

近年網路上有許多教人寫作、標榜出書的課程。有一次，某位不是那麼熟的朋友問我：「某某課程，值不值得上？」

其實，不管這個朋友熟不熟，甚至不管什麼問題，在這個評價比摳鼻屎還容易的時代，我不該也不能反射式地回答。

我若回答：「去上就對了。」屆時那位朋友若有一點不稱心如意，多少也會歸咎於我，我何必把自己放在一個輕易讓人怪罪的位置？

我若回答：「不用急著上。」後面就算還有三千字公道評論，被流傳出去「不用急著上」這五個大字，我豈不是挖坑自埋？

「科學思考者」的答案，沒有摻雜太多情緒，沒有先入為主，沒有因人廢言，甚至把他的答案從中文翻成英文，都還能說服相當比例以英語為母語的商務人士。

「科學思考者」會去想，既然課程標榜這是一個出書的終南捷徑，聲稱有步驟、有方法、有經驗地引導學員，那過去究竟有多少完課的學生順利出書？那些書籍的平均銷量又

是多少？

在場外的你，若把目標設定為：「算到出書就好，暫且不論銷量」，那過去完課的學生究竟得有多少「出書比」足以說服你踏進教室？朝這個角度思考，問題將持續被釐清。

你若想到這一點，其實對方多半也想到了。對方如果說僅有百分之五的學生出書，意即一班四十人只有兩人出書，三十八位沒有做出成績，以後怎麼招生？所以對方大打廣告，說他們學員的出書比高達百分之五十。

如果為真，這樣的比例確實驚人，兩位就有一位出書，這課程不被市場瘋搶才怪。但「科學思考者」不會輕易相信對方聲稱的百分之五十，他會打開一個資料表，把歷屆學員羅列出來（假設有公開的話。反過來說，如果沒公開，無法檢核資料真偽，那就更不需要討論了），再釐清幾件事，好比那些學員有沒有出過書？是唯一的作者還是作者群之一？是親筆寫還是僅口述？

也就是說，「科學思考者」基於人性本善，會把對方聲稱的百分之五十視為「從寬認定」的數字。同時，他亦會親手調查研究，去整理出一份自己「從嚴認定」的數字，如果這個數字仍能說服自己，他就能拍板做決定。

前些時候，許多人在討論某黨市長候選人（後來已棄選）的碩士論文涉及抄襲，網路上大致有三種聲音，一種是「黨同」，一種是「伐異」，一種叫「科學思考者」。

我刻意屏蔽了「黨同」與「伐異」類的聲音。這類聲音當中的大多數，論理者少，叫囂味濃。如果換另一個黨籍的市長候選人涉及一模一樣的情節，上回的「黨同」隊，這回就會換成「伐異」隊的言論；上回的「伐異」者，這回就樂於使用「黨同」者的語言。

只有「科學思考者」持論如一，透過「科學思考者」的論調，我們才能成長。

也許有一種人會說：「整個網路上都是黨同者或伐異者而已，並不存在科學思考者。」

唯一能確定的是，如此持論者，絕對不是「科學思考者」。

窮一己之力，怎麼可能知道「全網」怎麼看待事情？此類持論者充其量只能說說自己滑鼠軌跡下的迷你世界。

萬維鋼如過往一貫風格，總諄諄提醒我們遇事該怎麼想，千萬別讓自己總是處於「萬萬沒想到」的狀態。

在做出任何判斷之前，本書說世上還有一種人叫「科學思考者」。而你我都可以透過自我訓練，成為一個甘願放下成見、放棄湊熱鬧、獨處也甘之如飴、樂於辯證是非的科學思考者。

推薦文
別讓他人為你做決定

鄭俊德／閱讀人社群主編

我們是否需要思考？思考本身是一件很累的行為，當遇到需要選擇時，我們才會用上「思考」這個工具，並為自己的決定負責。所以很多人寧願不思考，這樣就能把責任從自己身上換到願意思考的人手中，如果出錯，還有人可以怪罪。

從這角度來看，思考似乎是件吃力不討好的事，除了要動腦外，還要揹起責任。思考真的沒有好處嗎？

思考的好處在於，你為人生負責。你將找到達成目標的資源，擁有掌控權；你將透過決策，為自己帶來機會。

當然，你可以繼續當一個不思考者，人生由別人幫你決定，但如果你不甘人生一成不變、缺乏成就，你一定要搶先成為一個思考者。

萬維綱老師的新書《高手決斷》就是一本啟發理性思考、提升判斷力的工具書。思考需要精煉，需要策略，而科學化的工具是集眾人智慧的結晶，能夠幫助我們減少失誤，做出更適合的判斷。

其實此刻的你，也正在思考了，不是嗎？

推薦文

從素養到決斷力

簡麗賢／北一女中物理教師

閱讀遠流出版社萬維鋼先生的著作《高手決斷》，是一本引導讀者以科學角度思考生活情境、從而做出正確判斷的書籍。套用目前臺灣中學教育的關鍵名詞——素養。簡言之，閱讀這本書即是培養科學與媒體識讀素養，學習以科學方法辨識訊息真偽，成為理性思考的能者。

這般思考能力自然涉及哲學，而哲學是物理學的前身，物理學強調思考脈絡，有脈絡才能構成合理的論述。訊息是否合理？是否具有科學脈絡？這是判斷事情或消息真偽的基本概念。

就臺灣目前的中學教育而言，討論科學思考，練習解決問題的能力，正呼應了課綱的精神。

其實，並非最近幾年才強調科學思考，克卜勒（Johannes Kepler）、伽利略（Galileo Galilei）、牛頓（Isaac Newton）、惠更斯（Christiaan Huygens）等物理學家早在幾百年前就已呈現科學思考的紀錄。接著，法拉第（Michael Faraday）也呼籲科學思考，馬克士威

（James Clerk Maxwell）統整了科學概念，普朗克（Max Planck）、愛因斯坦（Albert Einstein）、波耳（Niels Bohr）和德布羅意（Louis de Broglie）等人更強調科學思考的創新思維，不落入固有的窠臼。

對在學的莘莘學子而言，科學思考確實很重要，尤其面對當今資訊繁雜，網路無遠弗屆，更需要科學化的冷靜辯證，才不會人云亦云，在資訊大海中迷惘。

古人留下的智慧之言，或許可以咀嚼反芻其意義。「學而不思則罔，思而不學則殆」，強調學思並重；「博學之，審問之，慎思之，明辨之」，則提醒我們能在廣泛閱讀中，培養審問慎思明辨的習性。「道聽塗說，德之棄也」，這句話放在現代生活中，可以詮釋媒體識讀的重要。尚未分辨訊息真偽，也不曾科學思考，聽了看了就信以為真，立即轉傳，豈不是缺乏媒體識讀能力，毫無科學素養嗎？

面對兩難、爭議和模糊的生活情境，我們究竟該如何面對和判斷？面對複雜詭譎多變的世界，我們該如何定、靜、安、慮、得？如何具有定見和遠見？如何做決定？誠如《高手決斷》的內容所述，「世界愈複雜，愈需要科學思考。」這個世界確實比我們想像的還要複雜，而且做決定的方式未必只有對錯、正反、左右、上下等二分法，唯有運用科學方法理解矛盾、琢磨複雜，才能看清現狀，不被紛至沓來的訊息所迷惑。

一個更好的決定強調不固執己見、不盲從附和、不迷信權威，一切端視依循的脈絡和客觀事實，作為判斷標準。

而能抱持謙沖自牧的修養，以科學思考為主軸，相信更能拓廣清晰的視野。

《高手決斷》一書，以歷史事件、職場困境、社會議題和智慧科技發展為例，旁徵博引，引導我們看見不同事物的特點，跳脫窠臼，審視歷程。值得一讀。

「精英日課」人氣作家，帶你突破偏誤、盲點、偽邏輯，
以科學思考打造優勢決策——

高手決斷

問題不在於強尼不會閱讀。問題甚至不在於強尼不會思考。問題是強尼不知道什麼是思考，他把思考和感覺混淆了。

——湯瑪斯．索維爾（Thomas Sowell）

相信那些尋找真理的人，懷疑那些宣稱自己已經找到真理的人。

——安德列．紀德（André Gide）

總序
寫給天下通才

感謝你拿起這本書，我希望你是個「通才」。我對你有個特別大的設想。

我設想，如果你不滿足於僅僅靠某一項專業技能謀生，不想做個「工具人」；如果你想做一個能掌控自己命運、自由的人，一個博弈者，一個決策者；如果你想要對世界負點責任，要做一個給自己和別人拿主意的「士」，我希望能幫助你。

怎麼成為這樣的人？一般的建議是讀古代經典。古代經典的本質是寫給貴族的書，像中國的「六藝」、古羅馬的「七藝」，說的都是自由技藝，都是塑造完整的人，不像現在標準化的教育都是為了訓練「有用的人才」。經典是應該讀，但那遠遠不夠。

今天的世界比經典時代要複雜得多，今天學者們的思想比古代經典要先進得多。現在我們有很成熟的資訊和決策分析方法，古人連機率都不懂。賽局理論都已經如此發達了，你不能還捧著一本《孫子兵法》就認為可以橫掃一切權謀。我主張你讀新書，學新思想。經典最厲害的時代，是它們還是新書的時代。

就我所知而言，我認為你至少應該擁有這些見識——對我們這個世界的基本認識，包含科學家對宇宙和大自然的最新理解；對「人」的基本認識，例如科學化地使用大腦，控制情緒；社會是怎麼運行的，好比個人與個人、利益集團與利益集團之間如何互動。你還要能理解複雜事物，而不僅僅是執行演算法和走流程，以及一定的抽象思維和邏輯運算能力，掌握多個思維模型，遇到新舊難題都有辦法，一套高段的價值觀……

這代表——你需要成為一個「通才」。普通人才不需要了解這些，埋頭把自己的工作做好就行，但你不想當普通人才。君子不器，勞心者治人，君子之道鮮矣。你得把頭腦變複雜，你得什麼都懂才好。你不能指望讀一、兩本書就變成通才，你得讀很多書，做很多事，有很多領悟才行。

我能幫助你的，是這一本本的小書。我是一個科學作家，在「得到」App 寫一個叫「精英日課」的專欄。這個專欄專門追蹤新思想。有時候我看到有意思的新書、有意思的思想，就寫幾期內容；有時候我做大量調查研究，寫成一個專題。這些書脫胎於專欄，內容經過了十萬名以上讀者的淬鍊，書中還有讀者和我的問答互動。

通才，並不是對什麼東西都略知一二的人，不是只知道各門派趣聞軼事的人，而是能綜合運用各門派武功心法的人。這些書並不是某項學科知識的「簡易讀本」，我的目的不是讓你簡單知道，而是讓你領會其中的門道。當然，你作為非專業人士，不大可能去求解愛因斯坦（Albert Einstein）的重力場方程式，但是你至少能領略到相對論純正的美，而不是卡通化、兒童化的東西。

這些書不是長篇小說，但我仍然希望你能因為體會到其中某個思想，或與某位英雄人物共鳴，而產生驚心動魄的感覺。

我們幸運地生活在科技和思想高度發達的現代世界，能輕易接觸到第一流的智慧，我們擁有比古人好得多的學習條件。這一代人應該出很多了不起的人物才對，如果你是其中一員，那是我最大的榮幸。

萬維鋼

二〇二〇年五月七日

目錄

第 1 章

誰需要思考？

我們思考是為了明辨是非。
明辨是非需要智慧，
更需要勇氣。

你思考嗎？你不一定思考。而且你不一定需要思考。

這是一本關於「如何科學思考」的書。在講科學思考之前，我們先說說什麼是思考。我對思考這個行為有三個判斷，可能會出乎一般人的預料。

第一，人在大部分時候都不思考。

我要是不讀書不寫文章，每天思考大概不超過五次。如果你已經知道一件事是怎麼回事和該怎麼做，你就不需要思考它。有問題，不明白，想改變，才需要思考。

絕大多數人每天都在過著按部就班、循規蹈矩的生活。吃什麼早餐需要思考嗎？上班坐什麼車需要思考嗎？不需要。工作都是該做什麼就做什麼，走走流程就是一天，愈熟練愈無須思考。晚上想看個電視劇，不喜歡這部片而喜歡那部片，於是你決定看喜歡的那部，這叫思考嗎？這叫本能。

人只要有趨利避害的基本能力，知道什麼是好，什麼是壞，最好還有點道德感，就足以應付絕大多數事情而不必思考。

其實大多數人都不怎麼思考。包括有些專業人士、老教授、老長官，你去聽他們談一談國家大事也好，身邊小事也好，可能會發現他們的見識驚人地淺薄。他們有時候會為一些非常小的事想不開，對非常簡單的事判斷錯誤，但是他們的日子過得很不錯。

這就引出了我的第二個判斷——不思考也沒關係。現在「非理性」這個詞非常流行。有些作者愛說人是非理性的，說我們一定要用理性去克服非理性，要明智思考，要科學決策……在我看來，這都是過度行銷。事實上，人在日常工作、生活中是相當理性的。

以前有一些思想家認為普通人容易被煽動、欺騙，是烏合之眾。其實這是一個錯誤的認識。

認知科學家雨果・梅西耶（Hugo Mercier）考察真實歷史事件和最新科學研究，發現普通人根本不容易被騙。[1]特別是面對利益攸關的日常生活時，人更是精明得很。有時候人們做出一些看似迷信的行為，那可不是非理性的，仔細分析就會發現，那其實是他們在當時條件下的最佳選擇。

「人都是非理性的」，不符合生物演化的要求。

只要誠實地想想就知道，如果人都是非理性的，為什麼那麼多人不讀書、沒學過什麼「批判性思維」，日子過得也滿好呢？大部分人不思考並非因為不愛思考，而是因為不需要思考。如果上司和長輩讓你做什麼，你就老老實實地做，兢兢業業做好就能升職加薪，你何必思考呢？

思考是一件非常難的事，科學思考的學習曲線相當漫長，最可怕的是，這門功夫未必能給你帶來多少效用。

我很愛思考。不是因為思考對我很有用，而是因為我認為思考有樂趣，而且我強烈希望自己「正確」。這不是為了在辯論中各執一詞，如果我錯了，我願意承認，但是我希望知道怎麼樣才對。

而正因為練這門功夫的人太少了，如果你能練成，就會擁有超出一般的眼光、理解力和判斷力。你不會時常在人前露這一手功夫，但是它總會讓你在私下感覺很好。

我的第三個判斷，是人有時候真的需要思考。

莫泊桑（Guy de Maupassant）有篇小說叫《項鍊》（*La Parure*）。女主人公瑪蒂達家境一般，一個偶然的機會下，她要去參加一個高級的晚宴，為了出風頭，便向人借了一條項鏈。這條項鍊讓她大放異彩，結果卻弄丟了。為了賠償項鍊，瑪蒂達和丈夫辛苦工作了整整十年，最後才得知，原來那條項鍊是假的。

有人說小說諷刺了小中產階級愛慕虛榮，我看根本談不上。瑪蒂達的可悲之處並不在於借項鏈，更不在於為了賠償項鍊而辛苦工作（賠償這個行為其實很了不起），而在於她在下決心賠償之前，沒有先思考一番。她原本應該先把事情搞清楚再說。

在平時的生活中，瑪蒂達也許是個非常精明的人，但是高級晚宴和假項鍊超出了她的日常經驗。

面對陌生的局面和不熟悉的事物，你需要思考。

對有些愛折騰、敢博弈、喜歡自作主張的人來說，幾乎每天都是陌生的局面，他們必須會思考。然而現代社會的精細分工使得大多數人不會經常面對這種需要思考的事。他們可以不思考，但代價是一旦從自己的舒適圈走出來，就可能像瑪蒂達那樣遇到危險。

對不思考的人來說，外面的世界充滿危險。這就是為什麼他們日子可能過得不錯，思想卻非常保守。他們不適合出來。

如果不打算死守自己的一畝三分地，你就需要學習一點科學思考。為了說明現代世界是怎麼回事，我先列出四道思考題，它們都代表真實世界中的事情。

第一題，中國職業棋士聶衛平說，中國足球運動員之所以踢不好球，是因為在場上缺少大局觀，他們應該學習下圍棋，因為圍棋能提高大局觀。

第二題，著名學者王小東炮轟中國足球，說就算每一次都拿到世界盃，貢獻也比不上北大或清華的任何一個系，而現在的貢獻則是負數。

第三題，你的一位親友在例行體檢中被查出了腦動脈瘤，醫生建議手術。❷

第四題，你身體很好，唯一的問題是膽固醇偏高，醫生給你開了某種史他汀類的降膽固醇藥。❸

請問你如何思考？

聶衛平和王小東的見解，我建議你先忽略，因為中國足球怎麼做與你無關。思考力應該優先用在與自己有關係的事上。對無關的事少說話，是可靠的人該有的氣質。

腦動脈瘤有可能導致腦血管破裂，一旦破裂就可能是件大事，所以的確有的醫生會建議病人立即做手術。但是為了不犯瑪蒂達的錯誤，你最好先把事情搞清楚。你要是思考的話，有三個事實值得你了解：

第一，健康的族群中也有二%的人有腦動脈瘤。他們毫無症狀，感覺良好，要是不體檢，根本不知道自己有毛病。

第二，有研究做過專門的統計，一個沒出過血的腦動脈瘤，如果栓塊比較小，未來的發病率只有〇．〇五%。

第三，一切手術都有風險，腦部手術的風險尤其大。

說白了，腦動脈瘤是個常見現象，即使不動手術，發病率也很低；動手術的風險卻很大。那你還會建議你的親友聽醫生的話去動手術嗎？

再說膽固醇。高膽固醇的確會增加你得心血管疾病的風險。你要是思考的話，有四個事實需要了解：

第一，高膽固醇之外，還有很多因素也會增加心血管疾病的風險，比如吸菸和飲食。

第二，史他汀類藥物的確能降低人們死於心血管疾病的風險，但是效果有限。研究表明，史他汀類藥物能把心血管疾病的死亡率從四．四％下降到三．四％。

第三，對於沒有心血管疾病發病史、健康的人來說，服用史他汀類藥物與否，對死亡率毫無影響。

第四，史他汀類藥物有副作用，會導致頭痛、噁心、皮疹、肌肉痠痛，甚至可能讓人再也不能跑步、跳舞和游泳。

如果你身上除了膽固醇高外沒別的毛病，你會服藥嗎？

如果你對這兩個醫學問題的回答都是否定的，我相信你做出了正確的判斷。但是你一定會有個疑問：醫生為什麼不提供我們正確的建議，非得讓我們動手術和服藥呢？這就涉及真實世界的運行情況了。

醫生並沒有故意騙你，他可能不知道前面提到的那幾個事實。他可能從開始行醫到現在一直都是這麼給人治病，而有些研究剛剛完成，他沒讀過那些論文。醫生的知識系統不是自動更新的，他也可能聽說過那些研究但是不認可，畢竟研究結果不是金科玉律，還得慢慢取得共識。

他也可能只是想對你做點什麼，不然無法展現出醫生的作用。這個現象叫「過度醫療」，是當今醫學界的一個頑疾。據聞在英國，四十五歲以上的人，每三人中就有一個在服用史他汀類藥物，難道他們都是病人嗎？你想想這是一件多麼嚴重的事情，有識之士在呼籲，但暫時改變不了。

不管你對這兩個醫學問題有什麼判斷，一旦離開舒適圈，你會發現到處都是這種互相矛盾的聲音。

我想說的是——別恐慌！我們所處的不是一個騙子世界，那些人是出於種種原因才有了各式各樣的觀點和做法，但不是為了騙你。如果大部分的人都是騙子，或大部分資訊都是假的，我們就沒辦法思考了。然而，這也不是一個和諧又完美的世界，很多宣傳都是誤導，很多人真誠地做著傻事。如果每個醫生、專業人士都提供正確的建議，你就不需要自己思考了。

我們這是個什麼世界呢？是一個充滿爭論、充滿賽局的世界，有各種系統性的偏差，是比較均衡、但又不充分均衡的世界。[4]

庖丁解牛的最高境界是目無全牛。在科學思考者眼中，這是一個支離破碎的世界。

正因為世界是這樣，你才需要思考，也可以思考。

具體問題總需要具體分析，我們只能講些思考的一般方法。我們會講到「批判性思維」和「科學方法」，我理解這些方法有兩個作用。

對於一件具體的事情，比如說這次職位調動，為什麼老張升職，你卻沒升？我希望你能學會拆解其中的因果關係，別鑽牛角尖。對於一個一般的規律，比如說膽固醇高對心血管疾病到底有多大影響、應該怎麼辦等，我希望你能學會如何尋找好的答案。

歸根結底，我們思考是為了明辨是非。明辨是非需要智慧，更需要勇氣。大多數人都是在生活中低頭走流程，在網路上大聲說傻話；我希望我們在生活中敢抬頭四處看看，在網路上說負責任的話。

戰國時代的《中庸》對讀書人要求「博學之，審問之，慎思之，明辨之，篤行之」，結果很多讀書人連第一項「博學之」都沒做到，只能叫「學之」。考上公務員，大多也只是辦事員而已，且認為學了又能篤行，就是好孩子。

那審問呢？慎思呢？明辨呢？非都得由上面的人告知嗎？自己不可以判斷嗎？我希望我們有點氣魄。要學，別光學聖賢的教導，應該學聖賢的全套。

如果你願意下功夫，這本書的安排是先讓你脫胎，再讓你換骨。

我會先打擊你，讓你做減法，把你身上的普通人思維都破除掉，把你變成一個無比謙卑的人，再做加法。我們要先學會判斷什麼是錯的，再去學如何尋找對的；先知道什麼東西不可信，再去探索可信；先知道什麼不行，再琢磨可行。

這個學習過程在技術上是先易後難，在情緒上卻要先苦後甜。所以接下來，請你做好吃苦的準備。

我們必須「砍掉重練」。

問與答

Q **讀者提問：**

經常踢足球有助於訓練思考能力嗎？尤其賽場上形勢瞬息萬變，多數都是陌生局面，這種場上的不斷決策是否能夠提升思考能力呢？

A **萬維鋼：**

「思考能力」是一個不好測量的東西。有這個能力的人知道自己有，我曾在「精英日課」專欄講過「鄧克效應」（Dunning-Kruger effect），沒有這個能力的人，因為他沒有，他也認為自己有。

人的聰明程度一般可以用「智商」代表，智商是容易測量的，所以有大量的研究。像下西洋棋、做數學題這些事情，都不能真的提高人的智商。這個判斷的關鍵在於你必須識別其中的因果關係——很多聰明人喜歡下棋，但並不是下棋讓他們變聰明。

但思考和決策是與智商不一樣的能力。史坦諾維奇（Keith E. Stanovich）在《機器人叛亂》（*The Robot's Rebellion: Finding Meaning in the Age of Darwin*）這本書中就反覆說，智商高的人並不一定善於決策，聰明人經常做傻事。事實上，就連善於在理論上做決策的人都不一定善於在生活中做決策。我們講過一個「所羅門悖論」（Solomon's paradox），善於給別人出主意的人，不一定能在關鍵時刻給自己出個好主意。

這就讓決策水準很難測量。就算用考試的方式證明一個人很懂決策理論，也不知道他在真實生活中面臨真實的問題時能不能保持理智。而你無法追蹤測量他在人生路上的決策。決策水準絕對是可以學習也可以提高的，但普通人的問題在於能演練的場景太少，少數有權力的人的問題則在於看不到真實的回饋。

你這個問題的關鍵是——在一個領域訓練出來的決策水準，能不能遷移到另一個領域中去？現在，有的心理學家，比如加拿大滑鐵盧大學（University of Waterloo）的社會心理學家伊格爾．格羅斯曼（Igor Grossmann），他對「智慧」有一種定義，叫「明智推理」。具體來說，它涉及這三個方面：

第一，智識的謙遜。遇事不盲目下結論，知道自己的水準有限，承認事情有不確定性，能夠合理評估。

第二，跳出自身，用旁觀者視角考察自己面對的局面。

第三，能充分考慮他人觀點和訴求，理解他人想法和立場，從而與他人達成妥協。

明智推理是通用能力還是專用能力？格羅斯曼等人的研究發現，明智推理基本上是個專用能力。格羅斯曼的結論是，智慧在不同人中的差異，比每個人在不同場合下的表現差異要小；也就是說，不是說有智慧的人做什麼事都有智慧，而是每個人都在某些場合表現得挺有智慧，換個場合就不行。

那麼，以此而論，踢足球提升的是你踢足球的智慧。我們看很多球星在場上對踢球的決策、與隊友的配合、要冒險還是要保守的取捨等都處理得很好，在場下面對教練、隊友、記者，遇到決定轉會簽合約或喝酒跑場子之類的事卻非常幼稚。因為場上決策和場下決策是兩回事。

但這個場景區別不是絕對的，關鍵在於思維方式，而不是思維的內容。決策場景有很多類型。管人和管事、簡單和複雜、長期和短期、快決策和慢決策、以合作為主和以競爭為主等等，都不一樣。

比如，以常理論，部隊軍官要管很多人，他退役之後到哪個公司當個領導者應該不成問題？其實不一定。

如果這支部隊總打仗，在戰場上真刀真槍地咬牙做過涉及生死的重大決策，需要靈活處置戰術，綜合判斷敵情，鑽研最新武器，這樣的人才絕對是無價之寶。但如果這支部隊從來不打仗，整天就是走形式做樣子，那這樣的軍官可能只善於訓練紀律，不一定適合市場競爭。

第 2 章

別指望奇蹟

奇蹟發生，那是運氣好，

別指望，指望會讓你變成令人討厭的人。

這一章，我們要破除一個普通人常有、科學思考者要十分敏感的思維模式，我稱之為「奇蹟思維」。這種思維相信什麼好事都可能發生在自己身上，而且應該發生在自己身上。

有一位六十多歲的阿姨，日子過得不錯，只是感情生活很平淡。有一次她在網路上遇到了一位明星演員，兩人相當聊得來，阿姨覺得自己墜入了愛河，決心與丈夫離婚，非那明星不嫁……這件事鬧得沸沸揚揚，還上了電視新聞。那個「明星演員」當然是假的，但阿姨的可悲之處並不在於被騙，而在於她為什麼相信這位明星應該娶她。

千萬別嘲笑這位阿姨。每個人都有追求幸福的權利，阿姨只是敢於相信奇蹟，而且每個人都經常有奇蹟思維。

有個童話叫《神筆馬良》，說馬良畫什麼像什麼，有一天，一位白鬍子老人送給他一支筆，他用這支筆畫什麼都能變成真的……你聽這個故事的時候是否想過，如果真有這樣的筆，憑什麼要給馬良呢？

這就是奇蹟思維。那支筆是個奇蹟，但是人們似乎對奇蹟的發生並不是很敏感，反而把注意力都放在馬良拿到筆之後惹出的那些事上，殊不知故事的後續發展都很正常，最不正常的就是馬良居然能得到那樣的筆。

我不是說這個世界不存在奇蹟。有時候就是會發生奇蹟，比如買彩券中了億萬大獎。我說的是人們總是不能很好地評估、鑑賞和珍惜奇蹟的稀有程度。

比如，我小時候有個人生理想，要做愛因斯坦那樣的物理學家。現在我知道那是一個奇蹟思維，為什麼呢？因為當時的我低估了愛因斯坦的稀有程度。第一，我沒研究過同齡的孩子們都在做什麼，不知道世界上有很多人比我聰明得多，也勤奮得多。第二，我沒學過真正的物理學，不知道現代物理學有多難。第三，我不了解職業物理學家的工作日常，不知道今天的物理學界早就不是愛因斯坦那個時代的江湖，已經不會再出愛因斯坦那樣的人物了。

我一問三不知，但是我非得當愛因斯坦，你要是敢阻擋我追求這個夢想，我就認為你是在壓迫我……現在的我並不為此感到後悔，所幸學物理沒有危險，我沒當上愛因斯坦，可是物理學給了我很多。

敢想，有時候也許是對的，但多數時候必定是錯的。那有了奇蹟思維後，該怎麼罵醒自己呢？

關鍵在於，你得知道世界上的好東西是如何分布的。了解好東西的分布，你就會意識到，首先你得不到，其次你留不住，所以你別指望。

我要借用物理學和經濟學的三個定律，它們能打消你的興致。違反這三條定律的，就是白日夢。

第一個定律是「能量守恆」。

古往今來，不知道有多少聰明人想要製造一種叫「永動機」的東西。人們設想這個東西自己能動，而且能綿綿不斷地一直動下去，最好還能幫你做事。直到一八四二年荷蘭科學家邁爾（Julius von Mayer）提出能量守恆和轉換定律，才算從理論上說清了為什麼永動機這種東西不可能存在。

能量守恆是說這個世界不會憑空「多」出來一個什麼東西，每一件事物都一定是從別處移動過來，或者從別的東西轉化而成的。你這裡多一個，別處就得少一個；你用了，別人就沒有了。

能量守恆定律告訴我們，好東西不會平白無故地出現。老一輩人有很多錯誤的認識，但他們有一個特別樸素的觀點很對，那就是得有付出才能有回報。而考慮到能量轉化過程中的損耗，回報常常會小於付出。特別好的東西需要巨大的付出。科幻小說作家說「反物質炸彈」的威力最大，可是你要知道世界上沒有天然的反物質資源，科學家用加速器製造一點反物質所消耗的能量，遠遠大於那些反物質本身的能量。

現代人的日子之所以過得不錯，我們之所以總有「非零和賽局」，是因為大自然提供了巨量的資源供我們免費使用。這裡有一棵野生果樹，你摘下果子就吃，你的回報的確是大於付出，你應該為此感到慶幸。而且你應該知道——好吃的、值得爭取的、免費的種種資源，不但是有限的，而且是稀有的。

守恆定律說好東西總是稀有的。明星演員和愛因斯坦是如此有名，人們覺得他們彷彿就在自己身邊，殊不知他們的機會、境遇和名望都是有限資源強烈聚合的結果，他們非常稀有。

可像你一樣的人，並不是那麼稀有。稀有的東西分配到你這個不稀有的人身上，這種現象叫「中獎」。

很多人炒股是因為感覺自己是個股神，他們褻瀆了「股神守恆定律」。

第二個定律是「均衡市場假設」。這是一個假設，因為市場不是絕對均衡的（否則我們就一點機會也沒有），但市場是相當均衡的。

均衡市場假設告訴我們，世界上不存在神奇到高出一般水準一大截的力量。

以前人們總愛幻想有「大俠」。這兒有個冤情，正常管道已經無法解決了，突然一位大俠從天而降，輕鬆就把這事擺平。現在出現一些所謂「贅婿流」小說，身分低微的主人公突然獲得一項神奇能力，比如能治百病的醫術，於是所向披靡，眾人無不拜服。

這種劇情的不合理之處在於，如果真有這麼強大的力量，它為什麼要用在這種小事上呢？你要有那麼強的醫術，應該抓緊時間造福人類啊！為什麼要去小姑娘家裡當贅婿，過扮豬吃老虎的癮呢？足以威脅國家機器的大俠，會管一個小人物的冤屈嗎？

市場會把各種力量放在合適的位置上。所以如果你指望用一種比當前這個局面高得多、稀有得多的東西來改變這個局面，那你就是奇蹟思維。

後天就要考試了，你感到複習時間不夠用，心想，我要是有過目不忘的超能力就好了——那你怎麼不想想，要是真有那種超能力，還會淪落到擔心期中考試的這種境地嗎？你到時候要解決的，必定是大得多也難得多的事情。這就好比別人吃不上飯，你來一句「何不食肉糜」，市場的演化不會讓肉糜去解決飽腹的問題。

均衡市場假設說殺雞用不了牛刀。人們總是用同一個水準的工具去解決同一個水準的問題，而不是用一個特別高水準的工具去解決一個低水準的問題。因為如果高水準的工具可以隨便用，低水準的問題早就不存在了，不會等到讓你來解決。

均衡市場假設還說，對於長期存在的問題，你通常只能做一個邊際的改進，而不會一下子就比前人高明很多。工業革命是累積的結果，愛因斯坦是時代的產物，現代高科技產品放到古代都是神力，但這些東西都是一點點改進，一步步發展出來的。

為什麼呢？因為別人也在想辦法。解決問題早就是一個社會化行為了，那麼多聰明人在各個方向上不斷探索，不太可能發生一個人比所有人高出一大截的情況。通常是你能改進，哪怕只有一點點，就足以收穫巨大的回報。

然而，很多人就是相信有神奇力量。產品賣得不好，有人就希望一個新廣告能把他的蘿蔔賣成海參。公司面臨重重困難，有人就盼望來個厲害的領導者力挽狂瀾。看到中國存在一個問題，有人說「民主就好了」，有人說「中央要是重視就好了」，這些通通都是奇蹟思維。

能量守恆和均衡市場假設，這兩個定律決定你不太可能得到什麼好東西。

第三個定律叫「熱傳導」，意思是熱量會自動從溫度高的地方向溫度低的地方流動。熱傳導定律說就算你運氣好，得到了一個好東西，你也留不住。

世界最貴的鑽石價值超過五千萬美元，你會幻想偶然撿到這個鑽石，然後整天戴著嗎？你不會。就算你能撿到，你也會把它賣掉，因為你更需要別的東西。

這就好像在一片比較涼的地方突然出現一個特別熱的東西，那它的熱量就會迅速傳導到涼的地方去。最後買下那顆鑽石的人，不差那五千萬美元，而且也不差那一顆鑽石。我們常說「最需要的人沒有，最富有的人不需要」，熱平衡會讓每個人都不會太過驚喜於自己手裡的東西。

有人感慨說，當年比特幣還不到一美元，現在是一萬美元，要是當初買上一些，現在不就發財了嗎？其實不會的，他拿不住。絕大多數花一美元買到某檔股票的人會在漲到十美元之前就把它賣掉。而十倍已經是極其稀有的回報率，沒人會考慮一萬倍。

到底有沒有人會不為所動，堅決不出手，就那樣一直拿著呢？也許有，但他們一定是根本就不缺錢的人。他們拿住了最高的投資回報，可是這個回報對他們的人生幸福度影響很小，這筆錢不是他們想要的奇蹟。

反過來說，賣鑽石得到的五千萬美元你也不一定能拿好。大多數中了頭彩的人都守不住那筆錢，他們會用愚蠢的方式把錢花掉。

我說的不是「別相信奇蹟」，而是「別指望奇蹟」。奇蹟發生，那是運氣好，別指望，指望會讓你變成令人討厭的人。

有個英文詞叫「entitlement」，大約可以翻譯成「特權感」，意思是我得到的這一切都是我該得的，好東西就該歸我。我認為現在有這種情緒的人實在太多了，而這恰恰是奇蹟思維的展現。有人從小家境優越，一路受到父母和眾人的照顧，這本來是稀有的條件，但是他意識不到，他認為自己理所當然就該擁有更好的。

特權感強的人做事之前會有太高的期待，別人眼中是奇蹟的事，他以為一定會發生。而一旦遇到挫折，他就會氣急敗壞。

這是一種什麼心態呢？二〇二〇年有個來自康乃爾大學（Cornell University）和哈佛

大學（Harvard University）的研究❺。研究者找了一六二個受試者，先測量他們的特權感指數。比如說，你要是特別贊同「我真誠地感覺到，我應該比別人獲得更多」這句話，那你就是一個特權感特別強的人。這項研究發現，對於生活中的偶然事件，特權感強的人會有一種與別人不同的態度。

同樣是因為運氣不好而導致的壞結果，比如說抽籤抽中去做一個很無聊的工作，正常人會認為既然純屬偶然，接受就是了，特權感強的人卻會對此感到憤怒。「為什麼倒楣的非得是我？」他拒絕接受，殊不知這就像阿姨問：「為什麼明星演員不愛我呢？」

而如果壞運氣發生在別人身上，正常人會對此表示同情，特權感強的人則同情心比較薄弱。他認為好運氣天生就該歸他，壞運氣天生就該歸別人……

這就是奇蹟思維的可怕之處，希望能讓你保持警覺。

我們所處的不是一個經常發生奇蹟的世界。在這個世界裡生活，我們應該經常提醒自己兩件事：

第一，我贏不了。

第二，就算我偶爾贏一次，也會再輸掉。

問與答

Q **讀者提問：**

「奇蹟思維」的奇蹟雖然很不現實，可是我們能拋棄它嗎？人不相信奇蹟，不就會失去很多優越感和自信心嗎？如果在我們的信念系統中沒有這麼一個東西，我們還會有正常的行事動力嗎？

A **萬維鋼：**

人的任何情緒都必然有它合理的一面，才會歷經這麼多年的演化而被保留下來。任何一個所謂的「思維偏誤」，同時都是一個「思維快捷方式」。思考，有「快」與「慢」，快思維足以應付生活中的絕大多數場合。科幻小說家劉慈欣不是有句話嗎？「失去人性，失去很多；失去獸性，失去一切。」

我們這裡講的思考不是要拋棄情緒和思維偏誤，而是不被它們所控制。好比說喝酒，我寫一篇文章說喝酒會有種種負面作用，像是影響思考、容易誤事、影響健康之類，你讀了之後說：「可是不喝酒的人生還有什麼意思？」其實我說的不是不讓你喝酒，而是提醒你注意喝酒這件事。我說的是「別指望奇蹟」，不是「別相信奇蹟」。

這基本上是一個主動和被動的問題。好的飲酒者掌控酒，不好的飲酒者被酒掌控。人腦每時每刻都有各種情緒和想法，我們追求的是掌控它們，而不是被它們掌控。迷戀明星演員的阿姨放棄正常生活去追求一個明顯的幻影，簡直成了奇蹟思維的奴隸。一個高中生偶然遇到高層人士視察，感覺對方真是威風凜凜，心想：「大丈夫當如是！」於是該上學就去上學，這是健康的。

而要不被某個獸性思維掌控，我們首先要識別它。了解它是怎麼回事，有哪些危害，下次遇到時才會保持敏感和警惕。

現在的情況是，有太多人是某種獸性思維的酗酒者，也許他們應該先戒酒。

第3章

滿腔熱忱，一廂情願

多數時候願望思維很難被察覺到，

它是普通人日用而不自知的一種思維方式。

普通人有一個標誌性的天真錯誤。這個錯誤是如此平常，如此自然，以至於人們經常意識不到那是一個錯誤，更合理的說法可能叫「思維模式」。這種思維模式在英文世界經常被人提到，叫「wishful thinking」，可是中文世界仍然沒有一個很好的翻譯，我們姑且稱之為「願望思維」。

所謂願望思維，就是把自己的願望等同於事實。因為我希望這件事是對的，所以我相信這件事是對的。

人怎麼會犯這種錯誤呢？難道誰還不知道哪個是願望，哪個是事實嗎？不一定。我希望中國的航太技術世界第一，這個願望是否為事實是容易檢驗分清的，但是很多願望和事實不容易分清。

某個男生一直在追一個女生，人家女生已經一而再，再而三地明確表示拒絕，說我不喜歡你，你別再煩我，可這男生還是苦苦糾纏。如果你問他，人家不喜歡你，你為什麼非要追呢？他的回答是，她當然喜歡我，她只是害羞，不善於表達，她拒絕我都是對我的考驗，我要是放棄，就是辜負了她，她在內心深處是非常愛我的。

這個所謂的滿腔熱忱，其實是一廂情願。所以我們也可以把願望思維叫「一廂情願思維」。對這種陷入願望思維不能自拔的人，我簡直想不出那個女生到底要怎麼做才能合法地證明自己不喜歡他。

願望總會調動人的美好情感，你一想像這件事就會獲得一種愉悅感，你愈想就愈覺得它是真的，以至於你根本不想，也不願意從中跳出來。

炒股的人說，這檔股票起起伏伏好幾個月，現在莊家已經把它做好了，蓄勢待發。

中國隊今天晚上有一場比賽，我看了賽前球員們的採訪，了解了他們的訓練情況，覺得他們的精神非常好，我堅信，中國隊今晚必勝。

家長對老師說，我家孩子總考不好，但他其實特別聰明，只是貪玩、不用心、馬虎；他其實很喜歡數學，只是還沒有意識到自己喜歡數學。

這些都是願望思維。它常常以隱性的形式出現，往往都是無害的小事。但是有時候願望思維會讓你對事情的走向有過於樂觀的估計，甚至在該作為的時候不作為。

比如說，這位領導者上任好幾年了，工作做得不慍不火，公司錯失好幾個發展機會。有人說這位領導者能力不行；另一些人卻堅持認為領導者特別有能力，他有一個宏偉的藍圖，只是現在受到各種限制無法施展，我們應該耐心等待。可是等了幾年，發現這位領導者不但沒有什麼高招，反而連出昏招。這些人又說，領導者正在下一盤大棋，我們就算不理解也要執行……這些人未必是故意想看著公司衰敗，可能只是被願望思維困住了。

又比如說，一名女性經常被丈夫家暴，可是每次事後丈夫都痛哭流涕，說盡好話，她每次都相信。長達數年的時間裡，她一邊忍受家暴一邊願望思維。你問她為什麼不離婚，她會說丈夫其實已經後悔了，將來一定會變成好人……後來有一次，這名女性實在忍不住，終於報警。員警來調解一番，說現在不提倡離婚，你們這都是家庭內部矛盾，夫妻吵架很正常，就沒有再管。員警也是願望思維。

願望思維是被願望而非事實和邏輯驅動的思考，對願望產生的情感會讓人選擇性地接收那些符合此願望的事實，把事實往符合願望的方向解讀，導致決策和行動的偏差。

有人做過實驗研究。[6]有些新手父母內心認為孩子放在家裡照顧最好，可是由於工作的原因，必須把孩子送去幼稚園。研究者把這樣的家長請到實驗室，讓他們看一篇關於孩子在幼稚園和家裡成長好壞對比的論文。這篇論文的結論其實非常模糊，怎麼解讀都可以。但這些家長因為不得不把孩子送到幼稚園，很希望論文能告訴他們把孩子送到幼稚園有好處。看完論文後，他們果然認為這篇論文的觀點是孩子應該送去幼稚園。

而另有一組家長，內心也認為讓孩子待在家裡是最好的，與前一組不同的是，他們決定就讓孩子待在家裡。他們看了論文後得出的結論是，孩子待在家裡最好。

這兩組人本來有同樣的信念，看同樣的論文卻得出了不同的結論，這就是願望思維的結果。

願望思維如果再嚴重一點，就可能導致所謂的「確認偏誤」，也就是這個人只聽得進能確認自己信念的事實，對一切相反的證據都視而不見，甚至做反方向的解讀。比如有人認定了某個國家是中國的朋友，不管那個國家做什麼都說它是在幫中國。有時候那個國家做的事情明明給中國帶來很大麻煩，他也說其實都是中國有意安排的。

不過，多數時候願望思維很難被察覺到，它是普通人日用而不自知的一種思維方式。

大學裡有一次期中考試的題目特別難，同學們考完試都覺得壓力太大了，就向老師回饋，說不應該出這麼難的題目打擊學生。

這其實也是願望思維，而且是邏輯錯誤。你的論據其實是「你不喜歡」，但你把它當作「這不應該」。「你不喜歡」可不等於「這不應該」。誰說考試應該讓學生舒服？誰說事情的走向應該滿足你的願望？願望思維的一個習慣套路就是——只要是我感到不舒服、不喜歡的事情就不應該發生，就應該避免。這正是把自己的願望等同於事實。

科學思考者一定要對願望思維保持警覺。世界上的事情不是以你為中心展開的，事情總是幾乎隨機地發生，不會總往你合意的方向走。人生不如意事十常八九才是正常的。當你做出一個判斷的時候，如果它正好順從了你的情緒，你就應該問一下自己：這是不是願望思維？

再舉一個例子。它可能會傷害你的感情，讓你體會一下破除願望思維的痛苦。

癌症是「眾病之王」，它不僅難治，也對人的認知提出了挑戰——因為它非常不可控。人們總是會想，為什麼有的人得癌症，有的人不得癌症？為什麼有的人得了癌症之後治療結果很好，而有的人就治不好？

一個自然的想法是問：癌症與人的性格和心態有沒有關係？是不是那些性格怪異的人更容易得癌症，性格開朗友善的人不容易得癌症呢？得了癌症之後如果保持一個樂觀積極的心態，是不是有利於治癒呢？

如果是這樣的話，我們就對癌症有了一種掌控感。而且這樣的預防和治療是最理想的。沒有成本，不需要高科技，你唯一要付出的就是做一個好性格、好心情的人。誰不願意做個這樣的人呢？既做個好人還能避免癌症，這多好啊！

這就是為什麼，當二十世紀八〇年代，心理學界的一位巨擘，德國心理學家漢斯．艾森克（Hans Eysenck）提出，有一種性格特質特別容易導致癌症的時候，這個說法立即就被公眾接受了。艾森克說他發現了一種「C型性格」，表現為神經質、易怒、悲觀、孤僻，其死於癌症的機率是「健康」性格的人的四十倍、六十倍，甚至七十倍。

我特意查看了一下，「C型性格」這個說法至今仍然在被某些媒體引用，更不用說老年人經常轉發的那些健康指南，說癌症與性格有關簡直就是天經地義的事情……事實根本不是這樣。艾森克那些研究已經在二〇一九年被判定為故意作假，被雜誌撤稿。[7]

不僅是艾森克這個理論，科學家早就做過多項研究，證明癌症和性格、心態都沒關係。我列舉幾個夠硬的證據。[8]

有一項規模很大的研究，對六萬人做了為期三十年的追蹤隨訪。二〇一〇年，該研究發布報告說，性格特徵與罹癌風險，以及罹癌後的存活率之間，沒有任何關聯。這項研究的厲害之處在於，它是在一個人得癌症之前先判斷他是什麼性格。這是最可靠的，因為人得了癌症之後可能會把罹癌歸結於自己性格不好，從而錯誤判斷自己以前是什麼性格。

那麼如果已經得癌症了，保持良好心態和情緒是否能提高戰勝癌症的機率呢？答案也是否定的。有人對一千名以上得了腦部和頸部惡性腫瘤的患者做了情緒觀察，結果發現他們情緒的好壞與腫瘤生長速度，以及他們的存活時間，都沒有關係。

現在還有人專門發明了針對癌症的各種「心理療法」，這些心理療法有用嗎？也沒用。二〇〇四年和二〇〇七年的研究都表明，心理療法或許能讓癌症患者的生活品質有所改善，但是所有心理療法都與存活時間沒有關係。

所以，現實是冷酷的。我相信將來還會有人繼續鼓吹性格和心態對癌症的作用，還會有人發明新的心理療法，但那都是願望思維，癌症不像我們期待的那樣運行。現在唯一證據最強的結論就是吸菸會大大增加癌症風險，其他的都很難說。癌症就是一個非常隨機、難以掌控的東西。這個病這麼重要，我們真的很希望能用什麼生活方式之類的方法掌控它，但真的掌控不了。

並且，這只是冰山一角。在保健品、美容品領域，願望思維簡直太多了。那些領域基本上就是專門靠人們的願望思維賺錢。各種廣告鋪天蓋地，說這個有什麼好處，那個有什麼療效，都是神奇的說法，而人們之所以相信，是因為人們願意相信。

分不清願望和事實，這多麼尷尬啊！

願望不一定都是錯的，有願望很好，尷尬之處是你假定它是對的。傳統武術曾經被捧得神乎其神，結果現在一個個大師出來，連普通的綜合格鬥運動員都打不過。有人說這不能說明傳統武術不行，而是因為絕技已經失傳，現在的大師不是中華武術的優秀代表。可以，這個邏輯沒問題，但這是願望思維。以前西方領先東方，現在中國崛起了，人們說中國文化其實是最高級的，只是還沒到時候，時候到了必定領導全世界……可以，但這也是願望思維。

以前有人認為願望思維在國際政治中也有作用。大國在國際上的行動，有些事後被證明判斷錯誤，這是不是因為領導人下命令的時候被願望思維左右了？不是。國際政治學教授羅伯特．傑維斯（Robert Jervis）做了大量研究，結論是證據不支持領導人被願望思維影響。[9]

政客決策有失誤是正常的，但他們通常不會犯願望思維的錯誤。他們有專業的幕僚，一天到晚做的事就是決策，不太容易被情緒所左右。

只有普通人才這麼天真。

問與答

Q 讀者提問：

萬老師，我記得您解讀過「端粒效應」（Telomere effect），裡面說到人的壓力會影響端粒的長短，而端粒的長短決定人的健康。但這一章又說心情不會改變得癌症的機率，這兩個觀點是否是矛盾的呢？

Q 讀者提問：

有另一個民間說法是，經常看美女會使心情愉悅，從而有延緩衰老的作用。這聽起來似乎和「積極的心態有助於癌症治療」是一樣的，應該也不是正確的囉？

A 萬維鋼：

這些與我們這一章說的癌症研究是兩回事，這兩個問題是錯誤的思維。我們說的僅僅是心情愉悅與否、性格快樂與否和癌症無關，別的我可什麼都沒說。

壓力影響端粒，這個有研究。那壓力對癌症有沒有作用？這我可沒說。端粒長短與人的壽命有關，那與得不得癌症有沒有關係？你不能假定。我沒聽說過看美女能延緩衰老的研究，就算真能，延緩衰老與癌症也是兩回事。

願望可能是對的，也可能是錯的。我們的願望是能用心情掌控癌症，你必須提醒自己的是，不能因為你「希望」它是這樣，就默默當作它是這樣。癌症這個故事提醒我們，大自然往往不是這樣。

Q 讀者提問：

「願望思維」和「比馬龍效應」（Pygmalion effect）有哪些區別呢？

Q 讀者提問：

「自證預言」和「願望思維」在思維判斷上似乎各有邊界，但是在導致的行動上是不是有很多重疊的部分？

A

萬維鋼：

「比馬龍效應」是你希望別人是什麼樣子，那就比照他是這個樣子地去對待他，他被你影響，慢慢就真的變成了那個樣子。你希望自己的妻子有公主一樣高貴的品質，那你就先把她當作公主。「比馬龍效應」是個非常特殊的心理學現象，專指對別人的影響。

「自證預言」是一個具有普遍意義的現象，是你在明明還有選擇的情況下，以為事情是個什麼狀況，就按照這個狀況去做，結果事情就真的被搞成了這個狀況。比賽明明還有得打，我以為自己已經輸了，結果自暴自棄，最後果然輸了。

還有一個容易聯想到的東西叫「吸引力法則」，意思是如果你整天想像自己能得到一個什麼東西，那個東西就會自動來找你。我曾在「精英日課」專欄講過，「吸引力法則」是迷信，是錯誤的認知。

而「願望思維」不同於這三者。「比馬龍效應」和「自證預言」都強調要做，要採取行動。「吸引力法則」則是等待一件事發生，需要你每天都透過想像這個東西來「發功」吸引這個東西。願望思維則是把願望當作事實，是自己什麼都沒做，沒等待，沒發功，也沒想到要做，就當作那已經是事實，是把「我希望」當成「它應該」。

就拿男生追女孩那個例子來說：

「自證預言」是男生穩紮穩打，符合常規操作地去追求這個女孩。可能先在她面前好好表現，再送花，再請她看電影，再慢慢表白……

「比馬龍效應」是男生每天就把這個女孩當作自己的女朋友去相處。不做那些前期的花哨功夫，一來就是天天送飯，讓女孩對他產生男朋友的錯覺。

「吸引力法則」是男生不敢與女孩說話，天天躲在宿舍裡思念女孩，在腦子裡演練與女孩在一起的點點滴滴，指望透過心靈感應之類的超自然力量得到女孩的愛。

「願望思維」則是男孩說：「她一定喜歡我啊！我那麼愛她，她怎麼可能不喜歡我呢？」

第4章

圈裡的人和組合的人

圈子裡，人人都一樣；

組合裡，人人都不一樣。

大部分的人都沒有真正的觀點，哪怕是對於經常談論的事物，也沒有經過深思熟慮。可是如果你讓他表態，他會非常肯定地說出「中國足球就是沒戲了」，或者「中醫就是厲害」，他有強烈的「看法」。這些不思考的看法都是從哪來的呢？來自人群的傳染，來自薰陶，來自「文化」。

千萬別低估一群人對一個人的影響。你可能經常在生活中觀察到很多「不老實」的人，特別是年輕人，根本不聽家長和老師的話，覺得自己很叛逆，長滿了稜角。這些人是不是很酷、很了不起呢？其實他們也不是在獨立思考。

二十世紀七〇年代，英國伯明罕大學（University of Birmingham）的學者保羅・威利斯（Paul Willis）對一群中學生做了一項追蹤研究。[10]這些學生都是英國某個鎮上一所普通中學裡的工人子弟。威利斯的研究對象主要是男生，他深入到學生中間，與他們交談，了解他們的行為。乍看之下，這些學生都是非常叛逆的青年。他們不但不聽老師的話，而且看不起老師。他們白天不好好上課，晚上還在外面到處遊蕩。他們鄙視學校的規則，抽菸、喝酒、泡妞、打架等無所不為，還嘲笑那些聽話愛學習的「書呆子」。

他們形成了一種屬於自己的文化。威利斯說，這種文化最明顯的特徵就是對權威的反抗。但是請注意，這裡所謂的反抗，反的只是學校。在正規的學校組織之外，學生們另有一個非正式的「圈子」。

在這個圈子裡，他們可不反抗。

這個圈子就是整天混在一起的一群人。如果你是一個中學男生，你不希望自己下課之後就一個人，你可能希望加入一群在操場上一起抽菸的人。被這個圈子排斥是非常可怕的，而作為圈子的成員，你必須遵守一些預設的規則。

圈子有活動，你得參加。比如說外出遊蕩已經形成了儀式感，每天午飯時間，幾個哥兒們必須出去喝點酒。從外面看，圈子裡有時候會發生打架事件，好像很混亂；從圈內視角看，打架其實很有秩序。通常的規矩是只有地位高的人才能發動一場打架。打架是危險的，地位低的通常老老實實待著。

從外面看，這幫人整天都在吹噓自己混亂的性經歷；從圈內視角看，他們對自己「正式女友」的忠貞要求非常高，圈內人不會碰對方的正式女友。圈子有自己的一套特色語言，每次翻來覆去聊的都是差不多的那些話。圈子平時不見得有多團結，但是會團結起來歧視圈外人，特別是外族人，比如那些來自巴基斯坦的學生。

這種圈內文化，把那些中學生塑造成一樣的人。他們以為自己什麼都知道，如果你與他們談談他們所不知道的事情，比如說大學、現代科技之類，他們會嗤之以鼻，認為根本不值得知道。

這個態度其實是理性的。學校教育對這些學生確實沒有多大意義，他們註定要追隨父輩，去工廠當做體力活的工人。他們的圈內文化其實是在為那樣的生活做準備。他們知道的人生經驗，的確已經夠用了。

這哪裡是叛逆呢？

我們這裡說的可不是中學生的教育問題或者階級僵化問題，我們關心的是人的認知。

這個道理是，每個人都會渴望加入一個小圈子，然後服從圈子的文化。

有一次，我遇到一個公務員，偶然聊了起來。但凡談到對什麼事情的看法，他都反覆對我說：「我們單位的人都是這麼想的。」我一開始還以為，他這麼說是為了說明這麼想的人很多，從而更證明這個想法是對的，後來我才意識到——不是，他並不在乎他們單位以外的人怎麼想。他之所以總說他們單位的人是這麼想的，是因為他們單位的人就是他的思想來源，他自己沒思想。

自己本來沒觀點，但是會全力以赴捍衛自己所在「圈子」的觀點，這是有道理的。

英國行為科學教授尼克·查特（Nick Chater）在《思考不過是一場即興演出》（*The Mind is Flat: The Illusion of Mental Depth and the Improvised Mind*）這本書裡列舉了好幾個實驗，說如果你透過巧妙的設計，給一個本來沒有觀點的人外加一個觀點，讓他相信這就是他的觀點，他就會去捍衛這個觀點。這就好像量子力學裡的波函數一旦坍縮，就從原本的不確定進入了絕對的確定。

你別看很多人聲嘶力竭地捍衛某個觀點，他們那個觀點的起源可能根本就是件微不足道的小事。強納森·海德特（Jonathan Haidt）在《好人總是自以為是》（*The Righteous Mind: Why Good People Are Divided by Politics and Religion*）這本書中就提出，我們對社會上的道德議題的判斷，總是直覺先行。直覺確定了你的態度，然後你再用理性去給這個態度找理由。

所以，理性是服務於情緒的。那情緒又是從何而來的呢？海德特認為，人們判斷公共事務的情緒主要取決於對新事物的觀感，即如果你喜歡新東西，你就容易成為自由主義者；如果你不喜歡新東西，你就容易成為保守主義者。

但海德特這個說法還不夠完全。人們對新事物的觀感又是從何而來的呢？

倒是英國兒童文學家、《納尼亞傳奇》（*The Chronicles of Narnia*）的作者C・S・路易斯（Clive Staples Lewis）早就有一個論斷。[11]路易斯認為人的很多最初觀點來自小圈子，他稱之為「內環」（Inner ring）。可能是你的家庭，可能是你少年時代總在一起玩的一夥人，可能是你們「單位」的人，你內心深處會有一個最有歸屬感、也許是非正式的小圈子。最初因為非常偶然的原因，這個圈子裡的多數人對這個社會議題是這個看法，後來慢慢的，所有人就都是這個看法了。

這與心理學家研究過多次的「群體思維」、「群體壓力」都有關係，人總是希望自己與所在群體的看法一致。但路易斯的洞見是，人最在乎的，還是自己最有歸屬感的那個圈子是怎麼想的。

因為你最在乎的那幫人都這樣認為，所以你也這樣認為。你不但默默放棄了獨立思考，還因為害怕跟不上那幫人的觀點而感到不安。這是智識上的腐敗。

你說，不這樣，又能怎樣呢？難道智識分子都是孤獨的嗎？難道科學思考者就沒朋友嗎？當然不是，相對於「圈子」，作為科學思考者，你想要加入的是另一種群體。路易斯稱之為「健康的社群」[12]，我們或許可以稱之為「組合」。

圈子裡，人人都一樣；組合裡，人人都不一樣。

《西遊記》中的唐僧師徒四人，就是一個組合。他們的性格特點、在隊伍中的角色、對事物的觀點和做事的方法，都各不相同。孫悟空衝動好戰但聰明能幹，豬八戒懶惰但富有人性，沙僧穩重，唐僧堅定。其實你能想到的好團隊都是這樣的。《哈利波特》（*Harry Potter*）中的哈利、妙麗和榮恩三人組，《魔戒》（*The Lord of the Rings*）裡的「遠征隊」，《三國演義》裡的劉關張三人、趙雲、諸葛亮等，都不是把一個人乘以N，而是不同的人構成的有機組合。

最簡單的組合就是我們每個人的家庭。父母、兄弟姐妹、妻子兒女，每個人都有自己獨特的位置，任兩個人之間不能互相替換，每個人都是結構上的一環。唐僧師徒四人要是離開了豬八戒，那可不是少了一個人的問題，而是整個團隊的結構都變了，取經故事會完全不同。

在組合裡，你的隊友不會強求你改變。組合允許你保留自己的個性、觀點和做事風格，唯有這樣，每個人才能對組合有獨特的貢獻。每個人有自己的特點，但所有人又有一個共同點。比如哈利．波特三人組，雖然性格各異，但都是勇敢的人。

你想不想擁有這樣的關係？你平時拚命想融入、生怕被排斥的那個關係，是圈子還是組合？

英國學者亞倫．傑考布斯（Alan Jacobs）評論路易斯說的那種圈子，說圈子最大的特點是它對「思考」的態度。圈子不讓你思考，你不能提讓圈子感到不舒服的問題，人們會認為那影響團結。⓭

所以我覺得圈子和人們常說的「資訊繭房」（Information cocoons）[14]是兩回事。有人認為人們在網路上看新聞會只看能印證自己觀點的消息，但是雨果・梅西耶在《為什麼這麼荒謬還有人信？》（*Not Born Yesterday: The Science of Who We Trust and What We Believe*）這本書中對此不以為然。事實上，人們對網路上的聲音沒有那麼在意，反而會很在意所在圈子的觀點。

這是理性的選擇，因為你不想被圈子排斥。圈子給的歸屬感在關鍵時刻能讓你活下去。有研究發現，那些最終在納粹集中營裡存活下來的人，都是某個非常緊密的團體的成員，比如都是共產黨員，都是同一個教會裡的修士，或者都來自同一個少數民族。

圈子對你如此重要，你對圈子來說卻是多你一個不多，少你一個不少。圈子不會因為少了哪個人而改變，這又進一步讓每個人都害怕被圈子拋棄，都想要拚命地融入……每個人都是一堆沙子中的一粒沙子。

圈子文化會要求你的忠誠，講服從。可是圈子裡的人忠誠的只是那個圈子，圈子的成員之間互相不怎麼信任。你總得想辦法證明自己是「自己人」。圈子還有個「皈依者狂熱」，也就是新人總比老人有更強烈的圈子認同感，他們會把圈子的行動當作很神聖的事情去做。圈子裡的人還會互相盯著，防止有人不守規矩……

組合和圈子的區別，正應了孔子說的「君子和而不同，小人同而不和」、「君子周而不比，小人比而不周」。如果你發現自己處於一個講「同」、講「比」的圈子裡，你應該為自己感到悲哀。

以前很多人以成為「大海中的一滴水」為榮，但那些了不起的人都不是一滴水。

大約十年前，我遇到一個參加過內戰的老兵。他在新中國成立後曾經在部隊做過官，我見到他的時候，他已經八十多歲，退休了。他與我聊起戰爭，沒有說戰爭有多苦，我們多麼無私奉獻或多麼團結，而是說了一些像是自己連隊搶了其他連隊的機會之類的故事，講後來因為個人選擇而去各個地方的境遇，他說起那些經歷真是非常快活。

我一看聊得來，就問了他兩個「敏感」問題：十大元帥誰的水準高？你更願意聽誰指揮？老兵沒說誰指揮都要服從命令、都要團結之類的高調話，也沒說十大元帥水準一樣。

他說十大元帥，各有各的打法，各有巧妙不同，不能說哪個厲害，哪個不厲害。

他說的是組合，而不是圈子。

問與答

Q

讀者提問：

萬老師在這一章提到的圈子，與在「精英日課」專欄「現代化的邏輯」這一期中提到過的圈子，有什麼區別呢？

A 萬維鋼：

在「精英日課」專欄「現代化的邏輯」這一期中，我們提到全球化的市場是一個「現代圈」，進入這個圈子就能經濟繁榮，不在這個圈子就意味著封閉和落後。「現代圈」的規則是「或者合作，或者忽略」，願意交易就能合作，不願意合作就被忽略。這是一個非常務實、具工作性質的關係，並沒有過多其他的情緒。

李彖在《文明、現代化、價值投資與中國》這本書裡有個說法，冷戰以後，以美國為首建立的全球市場圈有個最不一樣的特點，就是它不講意識形態。不管你的政治制度是什麼，只要能進行經濟上的交易，你就可以進入圈子。這個圈子只問你能提供什麼，不問你是怎麼想的，並不試圖把你變得與別人一樣。我們看世界貿易組織（World Trade Organization，簡稱ＷＴＯ）的各種要求和條件，雖然對各國的國內經濟政策有明確要求，但那都是算經濟帳。這個現代圈可以說是個鬆散的「組合」，每個國家很容易在其中找到自己的定位，比較自由。誰入圈子實行自由貿易對各方都有好處，誰搞封閉都是對各方不好。

但是這種全球貿易關係未必是歷史的終極形態，至少不是過去歷史上的常態。事實上，就在二〇一六年之前，以歐巴馬（Barack Obama）為首的美國政府已經在積極運作，要拋開ＷＴＯ，成立一個叫「跨太平洋夥伴協定」（Trans-Pacific Partnership Agreement，簡稱ＴＰＰ）的新組織。這個組織說的是貿易，但是對成員國的內部制度有嚴格要求，有意識形態特點。這就有點像我們這一章說的圈子，它要求你與別人一樣。

ＴＰＰ是中國當時面臨的一個難題……好在二〇一六年川普（Donald Trump）上臺了。川普完全不講意識形態，除了打壓華為之外，幾乎只算經濟帳，你只要多買美國農產品，川普就很高興。可是事實證明，川普也不好對付。

中國是ＷＴＯ這個「組合」的最大受益者，因此不希望把國際貿易從組合邏輯改成圈子邏輯。

我們這一章說的「圈子」，特別指路易斯說的那個「內環」，它不是很在意你在其中有什麼獨特的位置，但是很在意你的想法是否與圈子一致。從內環中找歸屬感，明確區分誰是自己人，動不動就說你要與誰好我就不與你好，這是人的一種本能，我們應該克制。

那如果別人就是想把組合變成圈子，你應該怎麼辦呢？這個邏輯是非常直觀的。

第一，中國已經是世界最大貿易國，得有充分的自信。現在誰都離不開中國，而且誰也不可能真的卡住中國的脖子。全球貿易絕對不是鐵板一塊，西方國家不可能團結起來對付中國。

第二，中國在這個組合裡享受了二十年紅利，但是不應該指望這個組合永遠不變。以前是發展中國家，現在要搞百年未有之大變局，那麼人家把組合的結構變一變，我們得允許人家變一變，哪怕這涉及自身也要改變。世界上本來就沒有不變的東西。

第三，該怎麼變，中國應該積極主動，不應該消極被動，不能說既然別人要變，我就自己弄個不變的圈子。中國要想的不是以前我在組合裡的位置多麼好，而是以後我要做發達國家，發達國家在組合裡應該扮演什麼角色，我如何給自己設計這個新角色。

組合需要一定的規則。組合中每個個體都有不同的角色，對規則的態度也是不一樣的。中國扮演的這個新角色絕不僅是「受益者」或者「受害者」，而是建立者、領導者、維護者。受益者、受害者等角色總喜歡尋找規則的漏洞，總抱怨別人干涉他的事，板著臉要鬥爭；領導者應該維護規則。

第5章

人生不是戲

真實世界是場「無限遊戲」，
裡面沒有結局，
而且通常沒有絕對的對錯。

這一章，我們說「故事思維」。講故事是最好的傳播手段，但故事可不是理想的思考方式，因為真實世界不是故事。

現代人受小說和影視劇的影響太大了，不自覺地以為自己活在戲裡，這會讓你產生奇蹟思維和願望思維。故事都有主角，你把自己當作主角，就會認為周圍的事情都應該圍繞著你進行。故事中都會有「好人」和「壞人」兩股力量在鬥爭，最後好人戰勝壞人，這就會讓你對事物的發展方向有一個執著的期待。

故事之所以比真實世界好看，是因為它強化了主要衝突，簡化了複雜因素。

我講三個效應。

故事思維的第一個效應，是讓人相信主旋律的存在。

我們經常說「時代的主旋律」是什麼，說「當前的主要矛盾」是什麼，這其實也是故事思維。主旋律用一個簡單的因果關係描寫一個複雜的過程，通常是因為某人想要做某件事，所以事情就是這樣的了。

故事裡最強烈的因果關係大概是人的「動機」，某件大事發生了，那一定是有人故意做了什麼。

這是很多陰謀論的來源。一個話題突然流行，某個產品突然竄紅，病毒在全球傳播，群體性事件集中爆發，人們認為都不是偶然，必定有個幕後推手「煽風點火」，在炒作、協調和組織；是有人安排它們發生，它們才發生的。特別是如果某件事使某一方造成巨大損失，另一方卻不受影響，人們就認為只有傻子才相信那是偶然事件。真是如此嗎？

我們從反面想。現在不知道有多少人想紅，有多少新產品想成為明星商品，有多少媒體公關公司在琢磨怎麼發起一場風暴，成功了嗎？事實是，就連手機這樣的重量級產品，像電影這樣最需要引爆話題的東西，完全有能力不計成本地炒作，都炒不起來。

關鍵在於，大事件都是不可控的。任何大事件都需要多方在不同階段，以不同的方式聯合參與。就拿爆炸性話題來說，首先這件事得新鮮有趣，有談論的價值，然後這件事發生的時機對不對，是否契合當下人們的情緒，有沒有被別的事件搶去頭條，哪個意見領袖轉發了或者沒轉發，傳播過程中有沒有演化出新的話題，是不是正好又與別的事件發生了化學反應，這些都很有關係。像金融風暴、政治危機之類的事件，更是需要層層加碼的正回饋連鎖反應。沒有任何力量能掌控這一切，這裡面有太多的不確定性。

真實的大事件往往不是按照任何人的意願發展的。可能人人都有不同動機，可能很多人根本沒有什麼動機，每個人無意識地推動一下，事情就發生了。更有甚者，現代有些心理學家[15]認為所謂的動機、信念、意義都是人的錯覺，是人在事後講給自己聽的故事。你先由於某個非常淺、非常偶然的原因採取了一個行動，事後為了解釋這個行動，才發明了「動機」，說有什麼堅定的信念，有什麼樣的主旋律，以某某理論為指導，那都是人的認知錯覺，心理學家稱之為「解釋深度錯覺」（Illusion of explanatory depth）。

如果一個人連自己的動機都說不清楚，又怎麼能推測到別人的動機呢？

真實事件的發展往往出人意料，根本不在乎你的什麼主旋律。比如說，二〇二〇年因新冠肺炎疫情，人們都待在家裡，那你說主旋律應該是交通通行量大大下降，對吧？對，美國的交通通行量的確大大降低了，於是很多汽車保險公司退還了一部分錢給客戶。而既然開車的人少了，交通事故也應該大大減少，對吧？

不對。事實是，二〇二〇年上半年，美國的交通通行總量下降一六％，但是交通事故導致的死亡人數只下降了三％，死亡事故率淨增加了三〇％。[16]為什麼呢？可能是因為路上的車少了，人們感到更安全，開車就更快更猛，不繫安全帶，也更容易酒後駕車。

而這個效應，你在二〇二〇年一月分的時候很可能預測不到，比如那些保險公司就沒預測到。事情不會按照你想的那個主旋律展開，這不是只有一個趨勢的故事。

故事思維的第二個效應，是讓人忽略細節。

我們看以前的戲曲，或者像《三國演義》這樣的小說，都把古代戰爭的場面大大地簡化了。這種故事裡，幾乎一打仗就是兩軍主將單挑。只要一方有個猛將把另一方的主將擊敗，這邊士兵馬上來個偷襲，戰鬥就結束了。真實情況可能是這樣的嗎？戰鬥勝負與很多因素都有關係，雙方各自的總兵力、裝備、補給、地形，難道都不用考慮嗎？

有人考證過歷史，唐朝以前的戰爭的確高度依賴主將的武力值，的確經常發生單挑；但真實的、特別是唐朝以後的戰爭，的確比主將單挑複雜得多。如果只在乎主將武力值，你就忽略了太多東西，也錯過了更精彩的故事。

現在有些網路小說描寫戰爭場面比《三國演義》高級。[17]步兵和騎兵、遠端和近戰、普通部隊和精銳部隊之間的互相配合和克制，從哪打開缺口，從哪開始雙方僵持，從哪開始頂不住，預備隊什麼時候上場，一方士氣如何崩壞，從哪兒開始潰退追殺，將帥的個性張揚和想法變動，要冒險還是要保守……一切都非常複雜。同時寫好這些元素需要高超的技巧，但這些也只是故事。可能這場戰役主要是你勝了，局部則有好幾個地方輸了；可能對手明明打得很漂亮，莫名其妙地差了那麼一點點，就輸了。

要是沒有這麼大的戲劇性，談不上勝負的那些事情呢？故事思維就更不好使了。我們舉一個經濟學的例子。[18]

現在美國有個趨勢，大學的學費正在猛漲，漲到了離譜的程度。有些名校一年的學費加生活費超過七萬美元，比一個中等收入家庭的年收入還高。學費為什麼猛漲？經濟學家判斷，主要原因是政府提供學生大量的助學貸款。學生既然可以拿貸款上大學，就暫時不差這個錢，就能保證市場的需求。這個解釋是對的，但是它忽略了很多細節。

第一，聯邦政府的助學貸款雖然高，但是州政府的財力有限，不能提供很多貸款，所以如果上州立大學，自掏腰包的學生比例上升了。

第二，很多大學提供學生高額的助學金。學費高，助學金也高，兩相抵消。漲學費只是故意走個程序，顯得大學很值錢而已，其實學生交的錢並沒有那麼多。

第三，現在人們上大學的需求提高了。美國經濟已經從勞動密集型轉向知識密集型，需要更多的大學生，上大學更值得了。

第四，很多人上大學並不是為了工作，純粹就是認為不上大學的人生是不完整的，他們不會去算性價比，對價格不敏感。

看這些因素，有的加劇了學費上漲的趨勢，有的減弱了這個趨勢。把這些因素都考慮進來，你很難用一個「因為……所以……」的故事把事情說清楚。

真實世界就是這樣。其中有各種力量，並不是只有好的一方和壞的一方，更不是只有一個主角。

故事思維的第三個效應，是讓人渴望一個結局。

每當你陷入困境、正在掙扎奮鬥的時候，你會不自覺地想到「將來總有一天，大家會發現我是對的」，或「總有一天，我會證明自己的能力」。

這個想法能激勵你奮鬥，但是真實世界沒有這樣的結局。歷史上從來沒有什麼審判日，不可能到時候就誰對誰錯一清二楚。

王安石變法，和司馬光爭得那麼厲害，他們兩人心中可能也會想「總有一天，歷史會證明我是對的」。可事情接下來的發展卻是新黨下臺舊黨上，舊黨下臺新黨上，大宋政局始終都在來回震盪。甚至一直到千年後的今天，你也不能說歷史證明了到底是王安石對，還是司馬光對。王安石變法仍然是個爭議事件，有人認為，正是因為王安石變法沒有成功，北宋才滅亡；也有人認為，正是因為王安石變法，北宋才滅亡。

再比如羅斯福新政。羅斯福（Franklin Roosevelt）上臺前，美國經濟陷入了沉重的危機，羅斯福上臺後大刀闊斧實行新政，美國走出經濟危機，所以新政一定是對的，是這樣嗎？不一定。你正好趕上一件事發生，不等於你促成了這件事。現在就有很多經濟學家認為，羅斯福新政不但沒有緩解危機，而且加劇了危機。有人認為經濟危機是技術升級的結果，是正常現象，本來很快就會好轉了，可是羅斯福搞新政瞎折騰，用政府投資強行刺激經濟，不但沒有讓經濟更健康，還把美國從小政府國家變成了大政府國家，給未來留下了巨大的隱患。你說誰對誰錯？這沒辦法拿歷史再做一遍實驗。

這個道理是，真實世界是場「無限遊戲」，裡面沒有結局，而且通常沒有絕對的對錯。你做一件事，產生一波後果，那一波後果又產生另一波後果……如同塞翁失馬，只有震盪。你可能永遠都在鬥爭之中，沒有宣布勝利的一天，你們只能一直這麼較量下去。

講一個好故事既能激勵自己又能動員別人，故事有強大的力量，但是科學思考者必須警惕故事思維。

故事思維只考慮了一個簡單的因果關係，沒有充分關注所有的因素，你沒辦法做精確預測。

故事思維會讓你的情緒在兩個極端間來回搖擺。國家隊贏了，你看誰都那麼可愛；國家隊輸了，你覺得整個國家的體制都不對。

普通人只能接受簡單的故事，要說中國為什麼抗美援朝，一句「保家衛國」就完事了。可是稍微多了解一下，會發現戰爭起源好像不是美國先對中國動手，而是北朝鮮先對南朝鮮動手，中國參戰是非常被動的，你可能會受不了。有人聽到這一層就直接否定了抗美援朝。然後必須再深入了解，才能發現當時美國確實已經嚴重威脅了中國國家安全，中國打這一仗確實有必要，你的看法才可能又變回來。

等到你不把抗美援朝當個簡單故事，你才配得上對這件事有觀點。

故事思維還會讓你固執己見。人一旦陷入某個故事不能自拔，就會非得把這條路走下去不回頭，只有失敗才能讓他面對現實。

科學思考者要時刻提醒自己，這件事不只有一個故事。你眼裡是這個故事，別人眼裡可能是一個完全不一樣的故事。過段時間再看，又是另一個故事。

你的思維複雜度，決定了你所能接受敘事的複雜度。

因為接受不了複雜，被簡單故事打發了，成為別人的宣傳物件，那在科學思考者眼中簡直不能容忍，可是很多國家的普通人就是這麼過的。一個國家的敘事複雜程度愈高，國人的素質就愈高。

但是不管怎麼高，仍然會陷入一個故事之中。你可能比《三國演義》高，但是《三國志》也是講故事的輝格史學（Whig history）[19]。你永遠都避免不了故事思維，你只能警惕。

問與答

Q

讀者提問：

我們有辦法盡可能做出關注所有要素的預測嗎？還是我們只能知道「它不是只由

某一因素造成的，因此發生與自己預期相反的結果也別太意外」？

A 萬維鋼：

破除故事思維，也不是說就要關注所有的要素，那樣的話誰也算不過來。我們還是要關注那些最關鍵的因素，只不過到底什麼是「關鍵」，常常不是你最初想的那樣。故事思維的問題是預先就設定好了哪個因素關鍵，而不顧其他可能更重要的因素。

比如唐朝一個書生進京趕考。他之前讀過很多勵志故事，認為考試成功的關鍵就是自己努力奮鬥。他給自己講的故事是「十年寒窗無人問，一舉成名天下知」。到了長安，同學們都去高官家中拜訪，他選擇老老實實待在客棧裡複習功課。這就是個錯誤的認知。

正確的態度是先別那麼深情地講故事，到長安看看再說。如果你到長安一看，發現大唐科舉的門道就是需要高官的舉薦，那你要是仍然想做官，就應該抓住這個關鍵。這個關鍵不是哪個故事告訴你的，是你謙虛調查的結果。可是接下來你又不能用「大唐科舉就靠找關係」這個故事指導自己，你還是需要真學問。你可能需要再看看科舉學問的關鍵是什麼，是詩詞文采，還是策論邏輯。關鍵因素將不會只有一個，你必須根據所有因素，再結合自身的特點，設定一個綜合性的取勝策略。

你最終得到的「科舉制勝模型」仍然是一個故事，否則你就會無所適從，畢竟人腦永遠都無法擺脫故事。但那可不是什麼才子佳人愛恨情仇之類的庸俗故事。你得到的將是一個對大多數人來說根本不像故事的故事。然後你仍然不能執著於這個故事，還是得時時刻刻調整。

所謂「客觀」，不是絕對的平等中立，而是擺脫自己本來有的那個主觀視角，從事情本身出發去考慮。

所以破除故事思維既不是執著於某個因素，也不是放棄預測，安心認命。破除故事思維絕對能提高我們的預測水平。我認為最明顯的提高是你會很容易判斷某個事情做不成。世界上有太多被故事思維左右的人，對事情有各種一廂情願的期待，而你會比他們冷靜得多。長安有無數學子參加科舉，客棧老闆的女兒正值青春年少，想要結識一位才子，她看誰都覺得像能中狀元的人，而客棧老闆正因為沒有才子佳人的故事思維，會更加冷靜。

至於像美國總統大選和世界盃足球賽決賽這種二選一的局面，高水準專家的預測成績的確不會比某個被故事思維沖昏頭的狂熱粉絲更好，所以故事總是有用的。但專家的好處是，他更不容易對結果感到意外。

第6章

我們是複雜的，他們是簡單的

誰能先理解對方的複雜，

誰就先有更好的收穫。

人面對不熟悉的事物，有一個特別常見的認知錯誤，簡直是人人都在犯。我先講三個真實事件。

第一個，中國某地建公路，徵地的時候有一戶人家可能不滿意補償款，成了釘子戶，最後也沒談攏，結果這家的房子被保留，路也建了，來去兩條路把房子包圍起來，留下出入口。這個奇特的景象被人拍了影片，一個美國網友把它發布到網路上。

這個影片給中國政府帶來了好評。美國網友紛紛評論說，我們的媒體不是總說中國政府暴力強拆嗎？這也沒有啊，這很尊重財產權啊！

第二個，中國記者王志安在推特（Twitter）上開了個帳號。作為記者，王志安的言論是比較講究的。比如中國有進步的好事，他會讚揚中國。可是社群的很多人聽不得中國的好話。

王志安只要一說中國做什麼事做對了，馬上就有人出來罵他，說你是不是有任務啊？是不是為宣傳而來的？

第三個，雲南省麗江市有個華坪女子高中，校長張桂梅是個了不起的人。張桂梅認為中國女性必須獨立自強。她要改變貧困女學生的命運。她把她們集中起來，為她們提供免費的教育，提供最好的條件，讓她們考上大學。張桂梅這個學校的大學錄取率達到了九九%。而把張桂梅變成熱議人物的，卻是一件小事。

張桂梅以前的一個學生，成了全職太太，拿著錢回來要捐款給學校，張桂梅拒絕了。張桂梅說女人要靠自己，你怎麼能當全職太太呢？

網路上很多人據此抨擊張桂梅，說她是在歧視全職太太群體。

這些觀點的共同特點是簡單。張桂梅、王志安和中國政府都是複雜的物件，但是網路上的人都愛對其做簡單的判斷。

這種簡單化思維是專門針對別人的。對自己，我們知道自己是複雜的。我有時候這樣，有時候反而那樣，別人不理解，可別亂說。但是對別人，我們傾向於把他人看作簡單的東西。

心理學有個概念叫「基本歸因謬誤」（Fundamental attribution error），意思是當你評價別人的一個行為時，你會高估其內部因素（比如說性格）的影響，低估外在（比如情境之類）各種複雜因素的影響。

假設你是個醫生，你的同事有一次做手術失敗了，你可能會說，他為什麼失敗呢？因為他這個人不行，平時工作就不認真，醫術有問題。而有一次你做手術失敗了，你就會說我的醫術沒問題，失敗純粹是出於客觀的原因，手術中遇到了一個極為罕見的情況……

對自己，我們很願意分析複雜的原因；對別人，如果他一句話說得不合你意，那一定是因為他這個人本來就是壞人。愈是不熟悉的人或者人群，我們愈傾向於把他們簡化。

張桂梅校長說的話是有語境的。如果你去了解一下她這句話的前因後果，了解她專門做的就是讓女性獨立的事業，了解她給華坪女高設定的價值觀，你就能理解她為什麼不接受全職太太的捐款。這與「歧視全職太太」是兩回事，是兩個完全不同的語境。可是因為張桂梅是個陌生人，人們迅速地把她的話化成了一個簡單符號，而這個符號正好觸動了他們的敏感神經，於是就開始評議。

這種敵意來自簡化。

對於你的親戚、朋友、同事、鄰居，你知道對方是個老實厚道的人，是一個好兒子、好丈夫、好父親，他有傑出的時刻和軟弱的時刻，他有不得已的苦衷，你不會因為他的一個政治觀點和你不同就與他翻臉。可是在網路上，你看不到對方的種種，只能看到他的政治觀點，你就容易把他視為敵人。網路社群把沒見過面、彼此之間沒有任何了解的人聯繫在一起，就好像兩國交戰戰場上的士兵一樣。

把對手簡化是一個根深蒂固的錯誤，連政客都會犯這個錯誤。

我們在第三章提到過的國際政治學教授羅伯特．傑維斯提出過一個概念，可稱「統一性知覺」（Perceptions of centralisation）[20]，意思是對手明明是一個國家、一個聯盟，或一個政黨，明明是由很多部分組成的一個複雜存在，我們卻總愛把它視為一個簡單的整體。我們認為對手的行動是集中統一、事先謀劃、協調一致的。

比如人們總愛說「中國」如何，「美國」如何，彷彿中國和美國各自都是一個人般。但國家並不是人，國家是由很多不同類型的人組成的，他們各自有著不同的利益、觀點和行為。你要是仔細分析，連所謂的「國家利益」都是一個非常含糊的東西。

賽局專家布魯斯．梅斯吉塔（Bruce Bueno de Mesquita）甚至提出——國家作為一個整體，並沒有「自己的」利益，是國家中不同的人群有不同的利益。[21]你可能會說，國家中多數人的利益不就是國家利益嗎？「多數人的利益」在數學上根本就不成立，梅斯吉塔舉了個例子。

比如說現在有個國家，它有三個黨派，各自代表全國三分之一的人口，各自有如下利益訴求：

第一，共和黨要求增加軍費，加強自由貿易。

第二，民主黨要求減少軍費，實行中等程度的自由貿易。

第三，藍領黨要求增加軍費，減少自由貿易。

梅斯吉塔為這些訴求畫了張圖（圖1）[22]。

圖中心的黑點代表當前的國家政策，三個小點分別代表三個黨的立場。我們以三個小點到中心黑點的距離為半徑畫三個圓，從中心點往每個圓裡走，都符合相應的那個黨的訴求。

圖中三個圓兩兩交叉形成的三

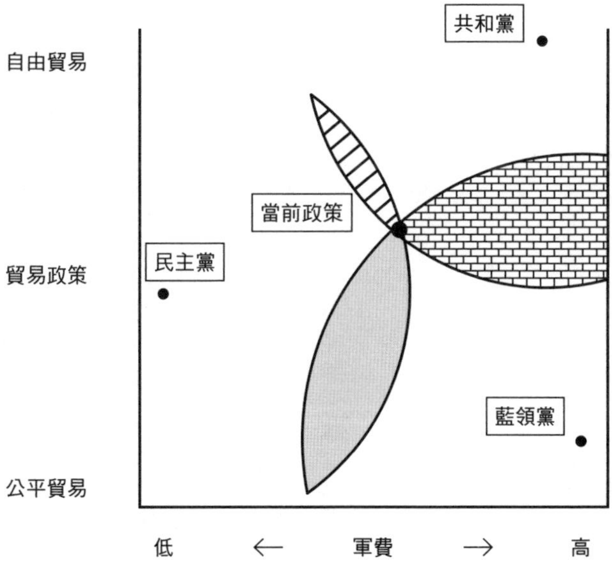

圖1

個陰影區。如果你是總統，實行任一陰影區裡的政策都能滿足兩個黨的訴求，都能代表全國三分之二的人口。可是這三個陰影區是互相矛盾的，哪個才是「國家利益」呢？

這個數學原理是，個人可以有偏好，由個人組成的群體卻是沒有偏好的。把一個國家當成一個人，你一定會犯錯誤，然而政客們恰恰就在犯這樣的錯誤。

美蘇冷戰期間，曾經有一個美國政治學者提醒美國政府，說光看蘇聯的軍備行為並不能說明蘇聯要對我們採取什麼行動。但是美國有個參議員堅決不信，說蘇聯剛剛裝備了SS-9飛彈，它能攜帶一千五百萬噸當量的核彈頭，你敢說蘇聯人這麼做不是為了對美國採取行動嗎？

事實上，還有一種可能性。蘇聯國防系統並不是鐵板一塊，它內部有多個兵種，不同的兵種部門之間在競爭，都想爭取到更多軍費。可能裝備那個飛彈純粹是蘇軍內部競爭的結果，和美國根本沒關係。

而政客往往看不到這一點。政客眼中的對手都是一個整體。

比如你是「北大西洋公約組織」（North Atlantic Treaty Organisation）一個成員國的政客，你的對手組成了「華沙公約組織」（Warsaw Treaty Organization）。北大西洋公約組織內部各個盟國之間有各種摩擦，有時候協調不好，你都能理解。但是你眼中華沙公約組織的那些成員國是團結一致的，你不會輕易假設它們之間有什麼矛盾。你會認為華沙公約組織有種非常穩定、非常有約束力的關係。如果華沙公約的兩個國家看起來有矛盾，行動不協調，你會認為它們一定是故意的，是在演戲欺騙你們。

再比如美國的共和黨和民主黨人士。他們看自己，都覺得組織太鬆散了，根本不能集中力量。但是他們看對方，都覺得對方是紀律性很強的政黨。

還有，鴉片戰爭之前，有英國商人到廣州經商，與廣州政府有很多摩擦。當時，中國從皇帝到廣州地方官都認為英國商人一定代表英國政府，商人的所作所為都必定有深意，是英國政府在對中國挑釁。隨著廣州官員對英國人了解得更多，才意識到英國商人與英國政府是兩股勢力，商人並不都是聽政府指示的。

可是我們今天仍然在犯這樣的錯誤。某個外國人發表反華言論，我們就會認為他的工作單位、他所在的組織，包括他的國家都在反華。可是我們想想，一個中國人能代表整個中國嗎？不能。那為什麼一個外國人就能代表他的整個國家呢？

我小時候總覺得中國政府對日本太過客氣了，尤其不理解「把廣大日本人民和少數軍國主義者區分開來」這個說法，我認為它代表了中國的軟弱。沒有日本人民的支持，日本軍國主義者能發動對華戰爭嗎？那些軍隊不都是由日本人民組成的嗎？

現在回頭看，中國這個說法其實是對的。當年真正參加過抗日戰爭的八路軍戰士反而對日本人還不錯，還說優待俘虜。為什麼呢？因為他們接觸過日本人。他們知道有日本人參加了八路軍，有日本人堅定地反對軍國主義。他們知道哪怕是侵華日軍，在不同情境下也有不同的行為。比起我來，他們對日本的看法要準確得多。

如果你沒去過日本，沒接觸過日本的好人，你會把日本當作一個整體，當成一個標籤符號。如果你考慮日本的任何事都只想到釣魚群島和靖國神社，就會錯過日本的好東西。

當然日本人也應該反思，為什麼不給中國人民一個好印象，為什麼非得參拜靖國神社？但是誰能先理解對方的複雜，誰就先有更好的收穫。想要理解對方的複雜，最好的辦法就是自己去接觸。你看看對方陣營裡是不是也有那種善良、謙遜、講理的人，看看他們是怎麼想的。

二〇二〇年五月，就在很多西方人指責中國傳播了新冠病毒的時候，一段中國的土味影片在社群上爆紅。這段影片叫《你要跳舞嗎》，我建議你找來看看。影片中是各式各樣的中國人用各式各樣有趣、搞怪、傻傻的動作在跳舞。

社群上網友的評論非常正面，說原來中國人並不都是整天悶著頭努力，板著臉就想與人鬥爭。原來他們也這樣可愛，也這樣充滿活力地生活。

問與答

Q 讀者提問：

我們看到的局面往往是——單看個人都是善良、有風度、有正義感的，湊在一起形成團體，做出的決定卻是有侵略性或者自私的。為什麼呢？

A 萬維鋼：這可能是因為我們了解一個人比較容易。出來聊一聊，幾句話就能證明這個人是善良、有正義感的。但是對於一大群人，我們確實容易把他們簡化成一個團結的整體。而「團結的整體」就會讓人立刻產生防範心理。

共和黨支持者眼中的民主黨支持者可能是想要白拿別人財富的人，民主黨支持者眼中的共和黨支持者可能是冷酷無情的人。然而各種研究一再證明，老百姓投票和政治表態的時候恰恰是最無私、最善良、最有正義感的。人們不是為了侵略而投票，是為了做好人而投票。

美國學者布萊恩．卡普蘭（Bryan Caplan）有本書叫《理性選民的神話》（*The Myth of the Rational Voter: Why Democracies Choose Bad Policies*），卡普蘭說，如果美國老百姓真的是出於自身利益，或出於自私而投票，美國政治可能會好得多，經濟學家會很高興。你又不是藍領工人，你又不住在鐵鏽帶，你是自由貿易的受益者，你為什麼反對自由貿易呢？

答案是，因為我是個好人。投票的人那麼多，我這一票對國家政策的影響力其實無關緊要，應該說等於零。但是這一票能表達我的情感。投票支持我的理念，我對自己的感覺會很好，我會很自豪。

這其實是理性的。抒發情感是人的重要需求，利益不僅僅是經濟利益。而且即使是那些投票符合自己經濟利益的選民，他們想得更多的也不是為了經濟利益，而是為了尋求公平，是為了抗議。

第一次波灣戰爭，老布希（Bush Senior）打伊拉克。世界人民看到的是美國以大欺小，美國人民也有很多是這麼看的。一開始，布希政府講給老百姓的故事是這場戰爭能保證我們的石油安全，結果老百姓根本不買帳——我們是那種為了利益就去當侵略者的人嗎？後來政府改了一個說法，說是因為伊拉克先打科威特，還特意找一個科威特小女孩到國會現身說法，說伊拉克對科威特做了多麼不人道的事情。結果美國人民群情激憤——這個英雄我們當定了！

美國知名社會心理學家強納森．海德特在《好人總是自以為是》這本書中分析了自由主義和保守主義的道德內核。自由主義者最在意的是關愛、自由和公平；保守主義者雖然也在乎那些，但同時更在意忠誠、權威和精神聖潔。不管支持的是哪個黨派，人們內心都真誠地相信，這不是為了利益，而是為了正義。

第7章

批判的起點是智識的誠實

知道你想要什麼，
為了你想要的東西而努力，
這就叫理性。

前面幾章我們列舉了普通人思維的弱點，這一章開始說高階的思維方法。這裡有個特別霸氣的名字，就叫「批判性思維」（Critical thinking）。批判性思維最早來自蘇格拉底（Socrates）對柏拉圖（Plato）的教導，但在我看來，它並不是科學思維方法中的一派，而是泛指一切嚴肅、正規、誠實的思考。

「批判」不是說我們要批評誰或者要推翻哪個理論，而是說我們要透過分析事實來形成判斷。批判性思維，就是《中庸》說的「審問之，慎思之，明辨之」。

你或許有這個經驗：有一件事，一般人都想不明白，大家一起來問問你的意見。因為你是個讀書人，你是個士，你能不能批判審問一番，評斷個是非。

不妨想想，這是多大的責任。要配得上這樣的責任，你首先得學會控制自己的情緒。

二〇二〇年的諸多大事之間有一件「小事」是這樣的：日本福島核電站自從二〇一一年事故之後，累積了大量的廢水。這些廢水中含有氚和碳十四這樣的核輻射物質，日本政府考慮把廢水排到太平洋裡。這個新聞在社群上一出現，人們馬上就不做事了，紛紛譴責日本政府。

這是一種快速、基於情緒的評判。情緒不需要了解事情的細節。「日本」、「政府」、「核輻射」、「排放」，看到這四個關鍵字，情緒馬上就出來了，要慢慢琢磨的僅僅是怎麼罵好。你可別這樣。情緒出來是正常的，但是批判性思維要求你別急著表態。

日本政府在福島核電廠事故中不是無辜的，可是問題總要解決。如果你是日本政府，你怎麼辦？談輻射不能不談劑量，自然環境中也有輻射，只要符合安全標準就是無害的。

日本政府並不是要直接把廢水排掉，而是要先稀釋四十倍，一邊稀釋一邊排，總共要排三十年。這麼做夠嗎？如果不夠的話，稀釋八十倍、兩百倍夠嗎？綠色和平組織表示擔心，日本國內也有人在抗議。可是別忘了，綠色和平組織對什麼事情都愛擔心，普通人對什麼事情都不放心。我們需要科學和事實細節，而不是情緒。[23]

我們需要「慢思考」。丹尼爾·康納曼（Daniel Kahneman）在他著名的《快思慢想》（*Thinking, Fast and Slow*）這本書裡把思考分成了兩個系統。一個是「系統一」，是快思考，省時而且省力，立即就能達成判斷。另一個是「系統二」，是慢思考，非常消耗精力。批判性思維絕對是系統二的慢思考，因為系統一的毛病太多了。

快思考容易犯各種錯誤，我們稱之為「認知偏誤」（Cognitive bias）。前幾章說的奇蹟思維、願望思維、故事思維、基本歸因謬誤等等都是認知偏誤。人的認知偏誤實在是太多了。

維基百科中「認知偏誤」這個條目下盡可能地列舉了各種已知的認知偏誤。[24]我數了一下，僅僅是決策類的認知偏誤就有一百一十個。再加上社會類、記憶類、機率與統計類、實驗與研究類，必定超過兩百個。難道要把這兩百多個認知偏誤都學一遍，以後有任何想法先對照列表看看犯了哪一條嗎？當然不行。

你根本就不可能避免認知偏誤，因為認知偏誤其實是思維的快捷方式。情緒是人的本能反應，正因為有認知偏誤和隨之而來的情緒，我們才能把日子輕鬆地過下去。

沒有情緒是一種什麼狀態呢？世界上就有這樣的患者，因為大腦受到損傷而破壞了情緒功能。他仍然很理智，但是他只會慢思考。[25]研究者發現，他連最簡單的決定都很難做出，坐在那裡權衡利弊，老半天拿不定主意。

還有一個著名的病例，是一位代號為ＳＭ的女士。她得了一種病，導致大腦的杏仁核功能受到了影響，而杏仁核是負責產生恐懼情緒的。這位女士沒有恐懼感，要是給她充分的時間，她能理性判斷哪些事情是不好的，但是她沒有發自內心的恐懼本能。她眼中的世界充滿善意。

有一次，ＳＭ在逛公園，一個陌生男子邀請她過去坐一會兒。她欣然過去了，結果那個男的掏出一把刀來威脅她。

正常女性面對陌生男子的邀請，會有一種本能的戒備心理。害怕是非常有用的情緒，而且我們大腦的情緒系統是相當精緻的，陌生男子邀請你你會戒備；但如果是一位老奶奶邀請你去與她坐一會兒，你則不會感到害怕。要說這是對男性的性別歧視也行，但是這個歧視有道理，這是合理的本能。

快速判斷在大多數情況下都是對的，所以人在大多數情況下的確不需要科學思考。批判性思維絕不是要取消情緒，而是合理評估情緒。

很多時候，人們犯錯誤並不是因為情緒太多，而是情緒太少。一聽日本馬上想到抗議，這是一種情緒。但是對於那些有既定科學常識的人來說，一聽核輻射馬上問劑量，這是本能反應，也是情緒。人腦中每時每刻產生的各種情緒都是互相矛盾的，不能看哪個情緒強就聽哪個的。

我們要傾聽情緒，控制情緒，而不是被情緒控制。那往哪控制呢？

批判性思維的第一步，是你要搞清楚——你到底想要什麼。

你不能盲目地坐在那裡瞎想，思考必須得有方向。比如要畫個心智圖，第一件事就是在這張紙的正中間，用最大的字寫上這次思考的目的是什麼。

你是為了判斷這件事的是非曲直嗎？是為了自己獲得利益嗎？是為了影響別人嗎？是什麼都可以，但是你得想好。最不可取的是不知道自己真正想要什麼，情緒上來了，宣洩一番了事。你真的只想「黑」一下日本政府嗎？還是想樹立一個關心時事、熱愛家國的形象呢？立場鮮明的態度能讓朋友們更支持你嗎？還是明辨是非更有意思呢？很多時候人並不能誠實地對待自己。

明確自己想要什麼，從事實出發，老老實實判斷自己應該怎麼說或者怎麼做才能達到那個目的，這就是智識上的誠實。你知道你想要什麼，為了你想要的東西而努力，這就叫理性。

而「想要什麼」其實並不容易知道，我們舉個例子。

傳奇球星張伯倫（Wilton Norman Chamberlain）有個著名的弱點。他得分能力非常強，曾經一場比賽得了一百分，是史上單場得分最高的球員，但是他有個技術漏洞——罰球命中率非常低，只有四〇%到五〇%。比賽時投籃都隨便進，罰球這麼基本的功夫居然才這麼點命中率，這與巨星身分是極其不相稱的。[26]

但張伯倫並不是真的不會罰球。有一個方法能大大提高他的罰球命中率，而且張伯倫在一九六二年三月二日創造一百分歷史的那場比賽中用的就是這個方法，他在那場三十二罰二十八中，命中率高達八七．五%。

這個方法是首先兩手下垂，抓著球，然後從下方往上扔，讓球走一道大大的拋物線。這樣罰球，你的手臂和肩部肌肉很放鬆，姿勢很舒服，手感會很柔和。這樣的曲線，球就算沒有直接入框，打在籃板上也更容易反彈進去。張伯倫為什麼不用這個方法呢？

中國打籃球的人都把這個投籃姿勢叫「端尿盆」。這個姿勢太不雅觀了，男性在籃球場上學的幾乎第一條潛規則，就是「別端尿盆」。

男性的「正確」罰球方式是抬頭挺胸，雙手把球舉過頭頂，輕輕拋向籃框。球離手之後，手臂應該是上舉，手心應該是向前向下。這個姿勢高端大氣，充滿自信。但是對張伯倫來說，它的命中率很低。

張伯倫寧可命中率低，也不「端尿盆」。

暢銷書作家麥爾坎．葛拉威爾（Malcolm Gladwell）在一個節目裡專門說過這件事，說張伯倫這麼做是不理性的。

但，張伯倫其實是理性的。

張伯倫的人生追求並不僅僅是贏球，他不只是一部打球機器。張伯倫的確很想贏球，但是籃球之外，他還有別的追求——張伯倫非常喜歡女性，很在乎自己的男性魅力。

「端尿盆」能提高罰球命中率，可是這又能讓張伯倫多得幾分、多贏幾場比賽呢？他的得分能力已經是聯盟最強的，他贏的比賽已經夠多了。罰球命中率不是張伯倫贏球的大局，但是罰球姿勢夠不夠陽剛足以影響張伯倫吸引女性的大局。這邊稍微少得幾分，換取那邊不大大減分，這樣的選擇怎麼能說不理性呢？

我還聽說過一個例子是足球比賽中的罰點球。[27]罰球球員通常會把球踢向球門左右兩邊的四個角，守門員因為來不及反應，必須先賭其中一邊去撲救。那麼就有人分析，說罰點球的正確選擇不是踢左邊也不是踢右邊，而是踢中間，因為守門員選邊撲出去了，你踢中間正好進球。

研究表明，踢中間的進球機率比踢兩邊高七個百分點，但是很少有人真的往中間踢。為什麼呢？

不踢中間也是理性的。踢中間，球要是進了還好，可萬一守門員也賭你踢中間，他站在那裡不動，而你就硬生生地把球打在他身上沒進……你會成為這場比賽最大的笑柄。球員是很想為球隊贏球，但是他們也不想讓自己丟臉。

是的，人做自己常做、攸關利益的事情時，是非常理性的。最需要科學思考的是陌生的場面。

科學思考首要的要求是智識上的誠實。批判性思維的第一步是明確思考的目標。

你的目標可以是多元的，並不是只有追求事業上的成功才叫理性。我希望文章受讀者歡迎，同時也希望寫自己喜歡的話題，為此我們可以稍做取捨，這不算是過分的要求。科學思考也不是讓你放棄情感，如果你做這件事的目的就是投入某一個情感，那也可以，但是你必須想清楚。

我們做一件事往往是既想要這個又想要那個，然後還想要另一個。人的頭腦中每時每刻都有各種情緒，它們互相矛盾。

你必須放棄一些目標，控制一些情緒，面對真實世界，從事實出發去考慮問題，這才算是智識上的誠實。

明確了思考目標，你就有了立場。

問與答

Q　讀者提問：

批判性思維和辯證思維有什麼區別？「批判」在英文裡面是criticize，譯成中文後總覺得那個「批」字很嚴重，帶著貶義和負面意思。辯證這個詞似乎更中立、更理性。

A　萬維鋼：

「評判」、「批評」這種詞，我們現代人用於負面比較多，但是中文和外文的本義都是中性的。康德（Immanuel Kant）的「三大批判」並不是要推翻什麼學說，相當於「認真地分析審視」，或者「審問之」。「得到」課程出了一套《西遊記》，是「李卓吾批評本」。我特意買了一套，發現這裡「批評」的意思只是在旁邊說幾句話，相當於網路小說和網路影片的「跑馬燈」。

批判性思維與辯證法的區別，以我粗淺的理解，差不多是下面這樣的。

批判性思維要求你做出一個明確的判斷。這裡有一個問題，你可以從自己的或者別人的某個立場出發，全面考察事實，用邏輯分析，最終必須給一個觀點。

比如我是一個內蒙古的高中生，現在到了填寫報考志願的時候。到底要報考清華大學還是內蒙古大學？我必須得拿一個主意，那麼我使用的一定是批判性思維。我會考慮到每個選項的利弊，比如清華的名氣更大，但是內蒙古大學離家近；我會考慮可行性，比如我的實力能否考上清華；我會有各種糾結，也許我暗戀的女生說要去清華大學，我可能要在家鄉和愛情之間做痛苦的取捨；我得考慮現在和未來、利益和情感、情緒和理智。

但不管怎麼說，我必須拿一個主意——清華大學，還是內蒙古大學。批判性思維對我做這個決策至關重要。

辯證法，則是另一個應用場景。假設我報了清華大學可是沒考上，女神和名校都離我而去，我不得不去內蒙古大學，這時候我就需要辯證法。辯證法會告訴我任何局面都有矛盾，矛盾是對立統一的，任何事物都有好的一面和壞的一面。清華大學離家遠而且競爭激烈，我留在內蒙古大學可能如魚得水。塞翁失馬，焉知非福呢？

批判性思維本身也會考慮利弊，不過是真正對當前這個決策有效的利弊。而辯證法則善於發明一些利弊，只是強調「一方面……另一方面」，對各個方面的有效性似乎並不怎麼感興趣。我沒考上清華，你要勸我想開點，一定不能說：「嗯，你上內蒙古大學也有利……只不過弊大於利而已。」

辯證法有時候能提醒我們要發展地、動態地看問題，不要把事物「看死了」。但批判性思維也不是只考慮現在，不考慮未來。批判性思維也會考慮所有的因素，只不過它會明確地給一個思考的結果。而辯證法似乎只是喜歡提供「另一面」思考方向。

你要是批判地看辯證法，那辯證法不是一個特別有效的思維方法；你要是辯證地看辯證法，那辯證法必然也有它好的一面。

第 8 章

立場、事實和觀點

批判性思維，
是從立場出發，選取事實，
透過邏輯推導，形成觀點。

請允許我先吐槽一下中國的基礎教育。中國所有高中生都要學習寫「議論文」，中國大考作文也是以議論文為主。議論文原本是最適合訓練批判性思維的體裁，但是中國學校教的議論文寫法，不是批判性思維。

我大概研究了一下，中學老師們總結的議論文寫作套路大約有六種，包括比喻論證、類比論證、舉例論證、對比論證、引用論證、引申論證。這其中只有「舉例論證」（列舉事實）和「引申論證」（分析事理的原因或結果）談得上是論證方法，其他都只能算是文筆藝術，意思是它們能讓你的文章顯得有文采，但不能增加說服力。而且請注意，舉例不等於事實完備，引申不等於邏輯嚴謹，然而語文老師不會告訴你這些。語文老師似乎根本不在乎「理」，只在乎「說」。

這樣的作文其實是抒情論證、感嘆論證、自嗨論證，簡直是中文之恥。[28]

美國從幼稚園就開始教批判性思維。[29]五、六歲的小孩，剛剛能認字，勉強能讀，甚至是能聽老師念一篇小短文的時候，就得學著從文中識別兩種關鍵資訊——哪句話是「事實」（Fact），哪句話是「觀點」（Opinion）。

區分事實和觀點，是批判性思維的基本功。

簡單地說，「事實」是思考用的素材，是外界給定的東西，而不是你思考出來的東西；「觀點」則是每個人自己思考出來的東西。你不能說「觀點無對錯」，畢竟我們思考就是要取得正確的觀點；但觀點的確是可以討論的，因為別人的思考不一定與你一樣。特別是在正式的場合、正經的文章，比較講究的人不太容易提出錯誤的事實，大家爭論，主要是爭論觀點。

一般認為事實是客觀的，觀點是主觀的。但你要是深究下去，會發現事實和觀點之間並沒有一條明顯的分界線，你得考慮當前語境才行。這兩個概念是最重要的思考結構。

事實

事實，是現在就能用客觀方法證實的陳述。「中國象棋雙方各有十六個棋子」，這就是一個事實，沒什麼可爭論的；你要是不服，我倆可以一起數。

事實可以有真有假。比如有人說：「成龍代言的產品大都遭遇了慘敗，成龍真是個品牌殺手！」這句話的前半部分不一定對，成龍代言了很多產品，其中到底有多少比例失敗，你可能需要去調查一番；但是說話的人，是把這半句話當作「事實」去說的。前半句是他推理的論據，他不打算與你爭論這個。後半句是他推導出來的觀點，是他說這句話的用意。

大多數情況下，只要不是做數學題，事實夠了，觀點也就有了。如果這個人的罪行都已經明明白白地擺出來了，該判多少年不是什麼難題。而且一般人不至於故意把錯誤的事實當成正確的說，多數情況下，事實都是真的。不過在思考中，「事實」這個環節仍然有很多問題。

你可能沒有使用全面的事實。人會有意無意地忽略掉一些事實，或不顧事實，甚至選擇性地接收自己喜歡的事實，還有人故意用「只給部分事實」的方法誤導別人。

美國法庭傳喚證人作證的時候，證人需要手按《聖經》（*Bible*）宣誓，誓詞中有一句：「我提供的證據是事實，是全部的事實，而且只是事實。」

我真希望所有人論事之前都先用這句話發個誓。這句話是說，你給事實還不行，你得給全面的事實，不能故意隱藏關鍵事實。新聞報導在「真實」之上還講究一個「客觀中立」，也是這個意思。

還有一種可能是──你以為是真的，其實是假的。也有可能是──你認為是確定的，其實是不確定的。普通人有各種深信不疑的東西都是錯的。怎麼才能判斷事實的真假？如何取得高品質的事實？那涉及科學方法，我們後面再說。

觀點

觀點，是主觀的判斷。

比如說，「中國是個偉大的國家」，這就是一個觀點。哪怕世界上所有人都同意中國就是偉大，它也只是觀點。為什麼呢？因為「偉大」是個缺乏客觀精確定義的形容詞。誰能說清什麼叫偉大？至少在邏輯上，有人可以合法地認為中國不偉大。反過來說，「中國的國土面積是九六〇萬平方公里」，雖然不一定準確，卻是一個事實。

觀點包括價值判斷。「這朵花是紅色的」，是事實；「這朵花真好看」，是觀點。「哈爾濱不是黑龍江的省會」，這是錯的，但也叫事實；「哈爾濱是個美麗的城市」，是正確的，可這是觀點。「恐怖分子是壞蛋」、「牧羊犬是最聰明的狗」，都是觀點。

觀點包括個人的喜好和感受。「豆花是鹹的好吃」、「武漢的夏天太熱了」，這些都是觀點。

觀點還包括建議。「政府應該增加在基礎科學方面的投入」，是觀點。凡是帶有「應該」這兩個字的都是觀點，別人可不一定認為應該。

對未來的預測也是觀點。「我兒子這麼聰明，一定能考上大學」、「中國將進入高齡化社會」，全都是觀點。只要這件事在邏輯上還有不確定性，你就不能說它是事實。

你可能覺得有時候不容易區分哪個是觀點，哪個是事實，這其實不是你的問題，而是「觀點」和「事實」這個劃分方法本身就有問題。有很多事情在某些人眼中是事實，在某些人眼中是觀點。

任何觀察都有一個主觀的視角，都受到語境的影響。比如「地球繞著太陽轉」，你說這是事實還是觀點？對大多數現代人而言，這就是一個沒話說的事實。但是對某些哲學家來說，到底是地球繞著太陽轉還是太陽繞著地球轉，取決於你用的坐標系是什麼。這兩者都對，都是你的主觀判斷，所以只能叫觀點。

愈是思想開放的人，愈傾向把一些陳述視為觀點；愈是思想保守的人，愈傾向把一些信念視為事實。比如「墮胎是不道德的，應該用法律禁止」這句話，你可能一聽就知道應該叫觀點，但是美國心理學家做過專門研究，有些人認為這是客觀事實。你要想與他討論討論，他根本不接受你的質疑。

我們沒必要太過認真地區分事實和觀點，我們的目的只是理解事實和觀點的關係。事實和觀點的關係是——事實決定觀點。我們的思考一定是觀點隨著事實發生改變，而不能讓事實隨著觀點發生改變。

保羅．薩繆爾森（Paul Samuelson）是一位著名的經濟學家，得過諾貝爾獎，他寫的教科書影響了幾代人。有一年，薩繆爾森在教科書裡說「五％的通貨膨脹率是可以接受的」。過了幾年，他的教科書改版了，這句話改成「三％的通貨膨脹率是可以接受的」，後來又改成了「二％」。於是就有人提出質疑，說這麼大的一個經濟學家，寫的還是教科書，怎麼說話變來變去呢？

薩繆爾森對此的回答是：「當事實發生改變的時候，我就會改變觀點。難道你不是這樣的嗎？」[30]

改變觀點並不可恥。知識總是不斷更新的，好的學者就應該要隨著事實的更新而改變觀點。

立場

既然事實是客觀的，觀點是可以改變的，為什麼不是所有人都有一樣的觀點呢？這是因為有些觀點不容易改變，甚至是不可改變的，因為它們不是從事實中推導出來的。這樣的觀點我們稱之為「立場」。

你可以反駁別人的觀點，但是最好不要輕易質疑別人的立場。立場是在思考之前就有的、可以不講理的觀點。

比如豆花到底是鹹的好吃還是甜的好吃，我就是堅定的「鹹派」。你要是與我一起點菜，我會堅決要求點鹹的，不接受反駁。這就是我對豆花的立場。

上一章說我們在思考之前，應該誠實地想清楚，自己到底想要什麼——這也是立場。立場是思考的出發點和方向，它可能來自你的某一個情緒，是你從眾多情緒中取捨的結果，而情緒本身是不講理的，是理性為情緒服務。

立場可以來自利益。我的利益決定了我認為「這次調薪應該優先調我所在的部門」。如果你代表你們公司去競標一個專案，哪怕在競標會上發現別家公司比你們公司更適合拿那個專案，你也只能盡全力為你們公司爭取。

立場還可以來自身分認同。世界盃足球賽中國對巴西，我知道巴西踢得比中國好，但因為我是中國人，我支持中國隊。

當然立場不是絕對不可以變的，但是不會輕易改變。我們有時候諷刺那些不顧是非、一心往一個方向辯論的人是「律師思維」，如同律師收了錢就只能為委託人辯護一樣，但是人其實都有立場。也許理想的思考應該沒有特別的立場，或者說「我的立場就是要客觀地明辨是非」，但「沒有立場」本身也是一種立場。

一般講批判性思維的書很少提到立場，可是思考需要有個立場。現在人工智慧已經能準確地從事實推出觀點，做各種判斷，但是它也需要立場。事實上，人工智慧研究的一個困難點就是機器很善於學習，但機器不知道自己為什麼學習，你總是需要用人先干預一下，給機器設定好去學什麼、命令它去學，它才能去學。它自己並不「想要」學習。

立場，代表思考的人性。

所謂批判性思維，簡單地說，就是「透過分析事實形成判斷」。我們還可以說得更具體點。

批判性思維，是從立場出發，選取事實，透過邏輯推導，形成觀點。

這個過程的每一步都可能出錯。有的人立場不明確，不知道自己想要什麼，一會兒被這道情緒左右，一會兒被另一道情緒左右，比如想升官又想發財，還想在上司面前保全面子；有的人直接從立場跳到觀點，根本不顧事實，比如因為自己是中國人，所以日本做什麼都不對。

還有一種情況是犯邏輯錯誤。專業的邏輯學，普通人聽不懂也用不上，而簡單的邏輯，像「大前提是什麼，小前提是什麼，所以哪個先哪個後」，我不相信有人會因為不懂這個而犯錯。人們犯簡單的邏輯錯誤往往不是因為不懂邏輯，而是他沒把立場和事實整理出順序。

批判性思維最難的地方，是智識的誠實。只要誠實地對待立場、事實和觀點，思考通常不是特別困難的事情。誠實還意味著「篤行之」，也就是按照觀點行動。如果思考的結果是想要的那個確實做不到，那就老老實實地接受。

問與答

Q

讀者提問：

請問萬老師，我們平時讀書學習，是為了獲得客觀事實，還是獲得作者的觀點與立場，還是學習推導觀點的邏輯？

A

萬維鋼：

綜合的結論肯定是什麼都可以學，仁者見仁，智者見智。但是以我之見，同樣是這裡擺著一本書或者一篇文章，從中學習不同東西的人，他們的學法有高下之分。我冒昧地將「從書中學」的學法分為五個層次，我們從低往高說。

第一層是學「感覺」。很多書你可能讀過一段時間就忘記了，但我聽說過這樣的一個理論：對於你認識過、交往過的人，他們說的話、做的事你都可能會忘記，但是你不會忘記他們帶給你的「感覺」。你喜歡這個人，討厭那個人，這個人總是讓你感到很溫暖，那個人總是讓你感到威脅，這種感覺你會一直記得。可能因為「感覺」是人腦更深層的記憶，記在杏仁核之類的地方，而一般的細節記在前額葉裡。不管什麼原因，「感覺」都是更強烈的記憶。

可能多數情況下，人們讀書就是記住了對一些事物的感覺。

比如說，我本來對「商鞅變法」的那個商鞅沒有什麼特別的感覺。可是多年前，在我未滿三十歲、還有點青春年少的時候，我讀了孫皓暉的《大秦帝國》。孫皓暉是絕對的「秦迷」，他把商鞅塑造成了一個大智大勇的英雄人物。這本書永久地影響了我對商鞅的感覺。後來我讀的書大都批評商鞅搞軍國主義，我贊同那些觀點，我的理性反對商鞅，我很慶幸我不是秦國人……可是那個感覺還在，我還是莫名地對商鞅有好感。

第二層是學「觀點」。讀書人的觀點和立場應該是自己的，不應該直接學習別人的。但是我們讀書的時候都喜歡讀那些有強烈傾向性的書，我們希望作者愛恨分明，有話敢說，最好有新奇刺激的觀點。有觀點，有論述，一本書說下來才有意思，如果只是羅列一大堆事實，那只是流水帳。

所以你一定會被作者的觀點影響。那麼這裡就要提醒你，一方面要多讀各種觀點的書，兼聽則明；另一方面要敏感地區分哪些是作者本人的觀點，哪些是學界公認的觀點，哪些是不容置疑的事實，哪些是未必可靠的事實。

區分了這些，將來你寫文章或者說理的時候，應該優先運用不容置疑的事實和學界公認的觀點。如果是引用作者本人的觀點，那就得指出論證過程。最不可取的就是「因為某某名人是這麼說的，所以這麼說就是對的」，這種「引用論證」不是論證。

而作者也知道讀者最容易接受的是感覺和觀點，他會故意設法影響你的感覺和觀點。那麼高水準的讀者，就應該從中跳出來。

第三層是學「事實」。讀得愈多的人，愈重視一本書裡是否提供了新鮮的事實。我認為「精英日課」專欄的一個主要價值是給讀者提供了一些新鮮的事實。現在價值最高的事實可能是學術界最新的研究結果，特別是實驗發現。你可以完全不贊同我的觀點和立場，但是因為我不惜花費巨量的時間去閱讀和搜尋各種新的事實，而你沒有，所以我對你來說也有用。

同樣是在自己的書裡引用別人的書，你會看到——愈是新手，愈傾向於引用別人的觀點；愈是老手，愈傾向於引用別人說的事實。高手寫書引用一大堆參考文獻，其中大都是事實，好比這個實驗如何說，那段史料出自哪裡。事實必須有權威的出處，但觀點都是我自己的。這展現了作者的榮譽感，你讀書也應該這樣。

第四層是學「理論」。理論描寫了事物的運行規律，對事情的變化提供了解釋。如果你相信一個理論非常可靠，具有普遍的適用性，你可以把它當作事實；如果你認為這個理論有參考價值，但是不一定對，你可以把它視為觀點。

理論是把事實串聯起來形成觀點的邏輯過程。事實和觀點都是「點」，理論是把它們串起來的線。

學習理論，才是真正意義上的「學」。理論能給你提供思維模型和解題思路，能讓你遇到類似的問題知道該怎麼辦。有的人知道一大堆奇聞軼事和名人八卦，可是遇到事情時束手無策；有的人立場特別堅定，遇到事情卻不懂變通，這都是因為缺乏理論水準。

學理論要求系統性地學，必須知道前因後果，必須自己會推論，必須做練習題。

第五層，可能是最高級的學習，是從書中跳出來，學習作者的手法。

我們都學過賈誼的《過秦論》和蘇洵的《六國論》，都是千古名篇。但是從事實來說，這兩篇文章沒有任何史料價值；從觀點來說，這兩篇可以說純屬小兒科。《過秦論》把秦國滅亡的原因歸結於不施行仁政，《六國論》把六國失敗的原因歸結於「賄秦」，這都是用個人品德去類比國家政治，是典型的普通人思維，甚至可以說是戲曲思維。

你現在隨便找個歷史學家，都絕對不會引用這兩篇文章中的事實和觀點。稍微有點料的歷史愛好者都會從秦國制度的先進性和早熟性去分析其中的成敗。

但是《過秦論》和《六國論》自有它們的高明之處。我們必須 think out of the box，跳出文章本身，考察這兩篇文章的創作背景，才能理解兩位作者當時為什麼要這麼寫。賈誼寫《過秦論》是漢文帝年間，國家需要休養生息；蘇洵寫《六國論》是宋仁宗年間，當時大臣們正在爭論對外政策是應該強硬還是應該懷柔。

他們都不是在說秦國的事，而是在拿秦國說事。古人寫文章不像我們都是就事論事，他們很喜歡借古諷今。讀書讀到這一層會有特別的趣味，你會同情作者的。

第9章

語言、換位和妥協

我們可以被人說服，

也可以妥協。

因為人是講理的。

科學思考者應該對人（包括自己和別人）有一個基本的信念，那就是——人是講理的。我們在生活中、在網路上，與親戚朋友或陌生人總是會有爭吵。有些爭吵很激烈，很多爭吵很愚蠢，但是你仍要相信人是講理的。

這一章我們說說怎麼說服一個人……或者被人說服。我們這裡說的可不是什麼「影響力」、「說服力」那種廣告公關之類的說服，我們不講動之以情。我們說的是「硬說服」，是曉之以理，是讓人聽了你的話之後永不後悔，他只會感謝你，因為他知道你說的這些真是對的。

你要學的不是「話術」，而是三個硬功夫：語言、換位和妥協。

我為什麼對說服這麼有信心呢？因為一個定理。

上一章我們說批判性思維，就是從立場出發，選取事實，透過邏輯推導，形成觀點。現在我要說的是，如果有另一個人，在某件事上與你有同樣的立場，知道同樣的事實，那麼你們兩個人各自思考的結果就應該是一樣的。你們對這件事不會有各自的觀點。

比如你和妻子發生了爭辯，討論是否要讓孩子週末去學西洋棋。如果你們的立場都是為了孩子好，我建議你倆各自充分舉證，把你們所知道的有關孩子和西洋棋的一切事實都告訴對方。那麼我敢說，你們必能達成一致。

這裡面可有個數學定理，是賽局專家、諾貝爾經濟學獎得主勞勃·歐曼（Robert Aumann）證明的，叫「歐曼協議定理」（Aumann's Agreement Theorem）。這個定理說，如果兩個理性的人對一件事的先驗信念一樣，而且他們知道的這件事的事實是兩人的共有知識，那麼這兩個人就能達成一致。[31]

也就是說，出發點一樣，論據一樣，結論就應該一樣。如果不一樣，兩人中就必定有一個在智識上不誠實。

這個道理一點都不神奇。這就是為什麼你在學校裡做的那些練習題都有標準答案，為什麼公共教育和全國範圍的考試是可行的。不管你是山東人還是廣東人，男人還是女人，只要你與別人認同一樣的前提，了解一樣的事實，就應該得出一樣的結論。你與別人答案一致並不是因為你愛他們或者怕他們，而是因為你講理。

「講理」不是過高的要求，正常人都講理。你與任何人下棋，他不會因為下不過你就當場不承認比賽規則。你買個什麼東西，賣家不會為了多要錢就創造新的加法運算。柏拉圖在《米諾篇》（*Meno*）中記載，蘇格拉底曾經隨便找了個對幾何學一無所知的奴隸小孩，當場輔導這個孩子進行了一道平面幾何題的數學推演。那孩子最終不是「盲目相信」了蘇格拉底，而是被他的理論說服了。

既然人都講理，而講理的人應該能達成一致，世間為什麼還有這麼多爭論呢？可能是有人犯了邏輯錯誤，可能是雙方了解的事實不一樣，可能是雙方立場不同。

邏輯和語言

有些爭論表現是邏輯問題。日常的邏輯其實都很簡單，大多數人犯邏輯錯誤並不是因為不懂邏輯，而是智識上不誠實，從立場直接跳到觀點。

比如很多時候，爭論雙方說的根本不是同一件事。

張桂梅：「我反對我的學生當全職太太。」

網友：「那你就是說全職太太都是墮落的人對吧？」

這就是兩回事。張桂梅的本意可能只是反對她的學生去做全職太太，她一定要給學生樹立這樣的價值觀，因為她知道農村中有太多名結了婚就失去獨立性、見識淺薄的全職太太了。網友想表達的，嚴格說來，是至少有一些全職太太也是了不起、值得讚美的女性，她們也很獨立，也為家庭、社會做出了重要貢獻。

這種情況其實是語言的「偏頗」，是雙方的話都不夠嚴謹。我相信只要雙方都用嚴謹的邏輯語言把自己的意思表達出來，他們根本就吵不起來。

邏輯問題，通常是語言問題。人們急於表達情緒，不願意認真體會對方的真實意思，甚至可能故意曲解。嚴肅的爭論中不應該發生這樣的事情。

事實與視角

有個笑話是這樣的。[32]《羅密歐與茱麗葉》（*Romeo and Juliet*）這部戲裡有個配角是茱麗葉的奶媽。她出場只有幾次，臺詞只有幾句，戲服只有一套，在一般的介紹中可能都沒有這個角色。有一次，有人問飾演奶媽的這位女演員，能不能用最簡單的話概括一下《羅密歐與茱麗葉》到底講的是什麼故事。

女演員說：「唔，故事主要講了一位奶媽……」

我覺得這個笑話比「盲人摸象」更能讓你體會到「視角」的重要性。一個人能看到的事實嚴重取決於他的視角。人們總是從自己的位置和角度去觀察世界，你不能指望別人觀察到與你一樣的事實。

而很多爭論，恰恰是因為人們看到的是不一樣的事實。

從前有個阿姨，出門忘了帶鑰匙，被鎖在自家門外。她打電話請來一位開鎖的師傅，雙方事先約定，這個工作五十元。師傅技術無比熟練，不到一分鐘就把鎖打開了。目睹了全程，阿姨反悔了，只想給師傅二十元。

阿姨說：「你做這件事還不到一分鐘，二十元足夠了！」

阿姨看到的是事實，但不是全部的事實。開鎖確實只用不到一分鐘，可是學成這門手藝得花多少時間？來回路上要花多少時間？更重要的是，師傅一天能接到幾個開鎖的工作？如果開一次只得二十元，這份工作夠他養家餬口嗎？如果開鎖的收入低到了這一行沒有市場價值，阿姨下次找誰開鎖呢？

師傅知道那些事實，可是阿姨不知道。阿姨不是捨不得五十元，也不是不講理，她只是受不了自己眼前的事實。

像這樣的爭論，只要雙方把各自了解的事實都拿出來，充分交流，問題就可以解決。講事實有強大的力量。哪怕是信仰不同的兩個人爭論一件事，只要雙方能坐下來，耐心地一條條講——你為什麼信這個，我為什麼信那個；你為什麼這麼想，我為什麼那麼想。列舉所有的證據，梳理整個邏輯，他們終將達成一致。

別忘了證人那段誓詞：事實、只是事實、全部的事實。科學思考一定要盡量拿到全部的事實。很多時候人們想不到還有別的事實，那是受到自己視角的限制。這種情況應該換位思考。一旦採用對方的視角，你通常就能想到還需要填充什麼事實。

換位思考不是為了照顧對方，而是為了自己明白。不過如果雙方立場不同，光靠換位思考就不夠了。

立場和妥協

立場不同的兩個人有可能達成共識嗎？其實幼兒園的小朋友都已經學會了。我女兒今年五歲，因為疫情而在家上線上課，她們幼稚園的學習內容就包括怎樣解決小朋友之間的衝突。

假設有三個小朋友要一起玩，各自提出一個不同的遊戲，請問應該聽誰的呢？這是立場的分歧。我就喜歡玩這個，你就喜歡玩那個，「喜歡」是不講理的，你提出多少事實和邏輯都不能改變我的喜歡。這簡直就是利益衝突，怎麼辦呢？

老師說，首先不能指定一個人說了算，因為那不公平。公平的做法是投票，或輪流，或抽籤，好比大家一起念一段兒歌，一邊念一邊依次指向每個人，兒歌停下來的時候指著誰就聽誰的。而在此之外，老師還講了另一個方法。那是一個五歲小孩似乎不應該學到的詞——妥協。

我們能不能把每個人的建議都考慮到，合併或者修改一下，找到一個大家都接受的方案？我想玩追人，你想捉迷藏，他想去遊樂場。那麼今天天氣這麼好，適合戶外運動，遊樂場上又沒有什麼地方可以藏人，我們去遊樂場玩追人行嗎？

立場不同，可以妥協。妥協不僅是雙方都在自己的立場上往後退，更是往「上」走，到比當前各自的立場更高的地方去找一個共同的立場。

我們當前的立場是我想玩這個而你想玩那個，但是我們還有一個比這個立場更高的立場，那就是我們想要一起玩。一起玩，比具體玩哪個更重要。只要誠實地反思自己的立場，問問自己到底想要什麼，分清楚什麼重要而什麼不重要，我們仍然可以達成共識。

如果邏輯和事實都已經不容置疑，我們還可以質疑立場。改變立場就相當於換個新問題思考，是跳出了原來的問題。

其實人的立場沒有那麼堅定。我是喜歡鹹豆花，但如果現在只有甜的，我也能吃一碗。對我來說，豆花的存在是比味道更高的立場。

總結一下。兩個真誠、講理的人如果發生爭論，按理說不應該不歡而散。如果兩個人就是不能達成一致，非得翻臉，其中一定有人犯了下面三個錯誤之一。

第一，邏輯錯誤，因為情緒化的語言，從立場直接跳到結論。

第二，沒有掌握全部的事實，不會換位思考，只看到自己視角下的東西。

第三，堅決不妥協，非得與對方為敵。

如果說犯邏輯和事實錯誤叫「蠢」，非得與你為敵可能就得叫「壞」。但在你指責別人「非蠢即壞」之前，能不能先反思一下自己，你充分理解對方的立場、事實和觀點了嗎？你想清楚自己到底想要什麼了嗎？你在智識上是誠實的嗎？

世界上之所以有那麼多爭論，並不是因為爭論是不可解的，而是因為解決爭論的成本太高，有些話說上一天一夜也未必能說清楚。但是請注意，世界上有一個群體，非常願意被別人用事實和邏輯說服，那就是學者；世界上有兩個群體，非常善於與人達成妥協，那就是商人和政客。普通人不是不講理，而是沒時間；普通人不是不妥協，而是涉及的利益太小。

可能很多人覺得被人說服或者對人妥協是很沒面子的事情，其實不然。你要參加辯論賽，可能堅決不想被人說服，但耶魯大學（Yale University）有個學生組織叫「耶魯政治聯盟」（Yale Political Union），整天忙辯論，他們的習俗不僅是澈底擊敗別人加分，被別人澈底擊敗也加分：那也是你的成長。畢竟，一個剛上大學的人怎麼可能已經掌握了最正確的政治觀、道德觀和倫理觀呢？[33]

不成熟的人參加談判容易幻想絕不妥協，但妥協並不是弱者的行為。美國憲法不是誰服氣誰的結果，而是各方妥協的結果。二〇一九年，英國首相泰瑞莎·梅伊（Theresa Mary May）因為脫歐方案不被接受而宣布辭職，在辭職演說中，她帶著哭腔，引用了一句名言：「妥協不是一個骯髒的詞。」[34]

我們可以被人說服，也可以妥協。因為人是講理的。

問與答

Q 讀者提問：

換位思考，說穿了也不過就是自己的視角從不同角度去看而已，而永遠都不能準確地了解對方的視角究竟看到的是什麼。我始終沒辦法理解「我」之外的人究竟在想什麼，那我換的這個位，也只是自己腦海中自以為的視角，對嗎？

A 萬維鋼：

是的，我們永遠都無法徹底了解一個人，永遠無法完全地從對方的角度看一個問題，正所謂你不是魚，你怎麼可能知道魚是怎麼想的？但理解對方也好，共情作用也好，並不是非一即零那樣「全無全有」的函數，而是一個連續過渡的數字。無法百分百理解對方，能理解百分之四十五也很好啊。

一個關鍵是，我們得願意去理解別人。我相信人和人之間是可以在很大程度上互相理解的。不然為什麼你看小說會熱血沸騰？看電視劇為什麼也會熱淚盈眶呢？

就像「集體心流」的現象，一群人在一起工作，可以配合到行雲流水的程度。他們並不需要在所有頻道上都互相理解，只要在工作思路上達成默契就足夠了。

平時看一些文學作品也許有助於理解別人。人的確是複雜的，但沒有那麼複雜。你看多了之後，會發現人面對一件事的想法無非就是那麼幾種。現在作家絞盡腦汁想創造一個新角色，想發明一種對事情的怪異反應，都很難。

第 10 章

怎樣用真相誤導？

這個時代，「真相」像謊言一樣能誤導人，
甚至比謊言更容易誤導人，
所以叫「後真相時代」。

如果你能排除情緒干擾，那思考的最大問題就是事實。科學判斷需要事實真相，只要真相，全部的真相。在我們這個現代世界，獲得一點真相是容易的，難處在於獲得全部的真相。現在卻有這麼一門功夫，是用真相，而且只用真相，去誤導別人。

我先講兩個虛構的故事，你體會一下這門功夫的厲害。

傳說曾國藩與太平軍打仗的時候，有一次，幕僚幫他起草了一份給咸豐皇帝的奏摺，其中有一句話叫「屢戰屢敗」。曾國藩一看這麼說可不行，就把四個字變了個順序，改成「屢敗屢戰」，皇上看了，果然中招。[35]

這兩個表述說的是同一個事實，都是說總打敗仗；但是性質完全不同，前者說明能力不行，後者強調精神可嘉。

政客非常喜歡玩這種「同一事實，不同表述」的學問。

多年前有部網路小說，灰熊貓的《竊明》。主角黃石是個穿越者，在大明天啟年間的遼東戰場練出了強兵，與後金作戰非常得力。黃石的軍中有個監軍太監叫吳穆，他很高興看到黃石這麼厲害，但是又有點擔心黃石會不會太厲害了，將來萬一尾大不掉，會威脅朝廷。完全是出於一片忠心，吳穆給遼東經略孫承宗寫了一封信，其中寫道「……黃石勇如關張，不宜久居外鎮，恐非國家之福」。

孫承宗收到信，理解吳穆的擔心，但是他發現吳穆文化程度太低，用詞不行。於是在給皇帝的奏摺裡，孫承宗把「勇如關張」這四個字改成了「勇如信布」。

你看出問題了嗎？這兩個說法都是說黃石很「勇」，但是性質完全不同。關張是關羽和張飛，是千古忠臣。信布指誰？韓信和英布。[36]信布不但勇，而且太勇了，功高震主，最後都被定調為謀反告終。「勇如信布」是強烈的暗示。

這兩個故事裡的套路畢竟還帶有一點主觀的提示，更高明的做法是只給事實，不做任何評價，讓你自己形成他想要的觀點。

英國作家、戰略傳播顧問海特・麥當納（Hector Macdonald）有本書叫《後真相時代》（*How the Many Sides to Every Story Shape Our Reality, Little, Brown Spark*）[37]，其中提出一個概念叫「競爭性的真相」（Competing truth），意思是給你片面的真相，你會得出截然不同的觀點。比如這兩句話：

一、網際網路拓寬了全球知識的傳播範圍

二、網際網路加速了錯誤資訊和仇恨的傳播

兩句話都是真相。如果只聽到第一句，你會認為網際網路是個好東西，應該大力推廣。如果只聽到第二句，你會認為網際網路是個壞東西，應該嚴加管制。這並不荒唐，複雜的事物常常都是既有好的一面也有壞的一面，「競爭性的真相」就是只告訴你其中一面。

為什麼不告訴你全部的真相呢？因為這些人想影響你的觀點。

再舉個例子。我們知道亞馬遜（Amazon）公司最早是賣書起家的，那麼亞馬遜的出現，給圖書市場帶來了怎樣的衝擊呢？你問不同的人群，會得到不同的事實。

書店老闆說，亞馬遜讓傳統書店的業務大大衰退，很多書店都倒閉了。

出版商說，亞馬遜的電子書定價太便宜，嚴重傷害了出版業。

作者說，亞馬遜允許作者出版自己的電子書，並且給高達七〇%的銷售分潤，這使得更多的人能夠以寫作為生。

他們說的都是真相。那你說亞馬遜是圖書界的正義力量，還是邪惡力量？這取決於你站在誰的立場上……或者你只能說，亞馬遜是複雜的。

這個時代，「真相」像謊言一樣能誤導人，甚至比謊言更容易誤導人，所以叫「後真相時代」。「客觀中立」是個神話，人人講述的基本上都只是部分的真相。當然有的人只是傳播者，他不是故意要誤導你，只是喜歡傳播更聳人聽聞的東西；還有的人是宣導者，他選擇性地講述一部分事實，是為了突出故事的主題；而有的人卻是故意用競爭性的真相，誤導你得出不正確的觀點。

我們來看一個實戰例子。美國前總統小布希（Bush Junior）就是一個誤導者。在九一一事件一周年的演講中，小布希告訴美國人民四個事實：

第一，伊拉克仍然在資助恐怖活動。

第二，伊拉克與蓋達組織（Al-Qaeda）有一個共同的敵人，那就是美國。

第三，伊拉克與蓋達組織的高層有長達十年的聯繫。

第四，伊拉克曾經培訓蓋達組織的成員，教會他們製造炸彈、毒藥和致命氣體。

我們知道九一一事件是賓．拉登（Osama Bin Laden）策劃、蓋達組織發動的。那麼請問，聽了小布希說的這四個事實，你會怎麼想？你會覺得伊拉克可能與九一一事件有關，或者至少伊拉克也在策劃襲擊美國，對吧？

小布希說的四個事實都是真的，但是他可沒說「伊拉克要襲擊美國」，那是你自己的印象。還有一個真相小布希沒說，那就是根本沒有證據表明伊拉克計劃襲擊美國。你要是根據自己「推論」出來的觀點支持小布希打伊拉克，可不能怪小布希撒謊。

撒謊多難堪啊，根本不需要撒謊。用真相誤導並不僅僅是「只說一部分真相」和「講個好故事」這麼簡單，麥當納在他的書中列舉了很多手段，簡直就是一門藝術。

其中有三個策略最值得我們了解。

一個策略是用背景襯托。同一個事實放在不同的背景裡，給人的感覺非常不一樣。要不要講背景，講什麼樣的背景，是你敘事的關鍵。

比如二〇一七年英國大選，工黨在國會的席位比保守黨少了五十六個，按理說這是工黨失敗了，對吧？但工黨領袖柯賓（Jeremy Corbyn）說工黨贏了。為什麼呢？柯賓先強調了保守黨本來可以得到更多的議席，現在才比我們多五十六個，我們真是不錯了……

所以絕對的事實不重要，關鍵是你與什麼比較。半瓶水可以叫半空，也可以叫半滿。曾國藩的「屢敗屢戰」和孫承宗的「勇如信布」，都是在引導讀者與一個特定的背景進行比較。

第二個策略是提供數字。數字會立即給人帶來「多」或者「少」的感覺，而人們常常不在意你說的到底是什麼數字。

川普有一次在國會說，美國有「九千四百萬人」都沒有工作。這可是一個大數，要知道美國總人口才三億三千萬！可是真有這麼多人失業嗎？

經濟學家定義的「失業者」是指那些想要找工作但是找不到工作的人，這樣的人其實只有七百六十萬。川普說的這九千四百萬，包括了學生、退休人員和根本不想工作的人。這完全是兩回事，但是他的確沒有說謊，而不懂的人的確會被誤導。

第三個，可能也是最重要的一個策略，用我們的話來說，應該叫「定調」。事情就是這樣，情況就是這樣，你把它定調為什麼，它就是什麼。

有人研究發現，在第二次世界大戰的戰場上，美軍士兵中有四分之一的人根本就沒有開槍。為什麼呢？因為他們不想殺人。殺人實在太可怕了，誰也不願意做個殺過人的人。後來美軍想了個辦法，在訓練中避免使用「殺」這個字。在戰場上開槍，那不能叫「殺人」，應該叫「打擊」敵人，是把敵人「擊倒」。你別以為僅是改了個說法，士兵的感覺是非常不一樣的。

再比如說，衣索比亞因為糧食不足，很多人沒飯吃，這應該叫「飢餓」，還是叫「饑荒」呢？在國際慈善機構裡，「饑荒」這個詞可是太大了。如果你把事件定調為「饑荒」，衣索比亞立即就能得到大量的國際援助。「饑荒」具有無比強大的號召力，也恰恰因為這一點，這個詞絕對不能濫用。否則就好像「狼來了」一樣，一有事就叫饑荒，下次真的發生饑荒，就得不到那麼多援助了。

一九九四年，盧安達的胡圖族對圖西族展開了屠殺，但是美國柯林頓政府遲遲沒有把這起事件稱為「種族滅絕」。為什麼呢？因為如果是種族滅絕，美國就有道德義務立即干預，但是柯林頓政府不想干預。美國等到四十九天之後才使用了「種族滅絕」這個詞。然後柯林頓（Bill Clinton）本人承認，如果美國早點干預，盧安達至少可以少死三十萬人。

孔子說：「必也正名乎！」「名不正，則言不順；言不順，則事不成。」說的就是定調。在事情還沒有對所有人形成明朗局面的時候，政客們一定會力爭定調。

你可能還記得二〇二〇年新冠肺炎疫情爆發之初，一月底的時候，無數人曾經無比關注世界衛生組織（World Health Organization）會不會把事情定調為「國際公共衛生緊急事件」（Public Health Emergency of International Concern，簡稱PHEIC）。現在回頭看，你可能不覺得那個名號有多重要，因為你已經知道全部情況了。在當時，特別是對國際上不了解情況的人來說，叫不叫「PHEIC」可能關係重大。

事實決定觀點，觀點決定行動。喬治・歐威爾（George Orwell）在小說《一九八四》（*1984*）裡有句名言：「誰控制了過去，誰就控制了未來；誰控制了現在，誰就控制了過去。」這句話的意思是，誰控制了事實，誰就控制了人們的行動。

那我們應該如何面對這個「後真相時代」呢？

如果你是事實供給者，你應該講一講敘事道德，不要誤導別人。當然說話、寫文章一定要有選擇地使用事實，怎麼才算不誤導呢？麥當納在書中提出一個標準——如果你的聽眾花時間了解了你當初了解的所有事實後，認為你的說法是公正的，你就算沒有誤導他。按照我的理解是說，有沒有誤導，區別在於你是故意隱瞞一個事實，還是為了敘事效率沒提那個事實。

而如果你是事實的接收者，你怎麼才能知道自己有沒有被人誤導呢？這就難了。以我之見，這裡面有一個硬功夫、一個慢功夫，以及一個好習慣。

硬功夫是你要恪守邏輯。在頭腦中畫一張拼圖，看看對方給的這些事實是否足以推出他想要的觀點。如果缺少關鍵事實，想想對方為什麼不說。這需要強悍的意志力。如果有人告訴你在蘇格蘭坐火車看到路邊有一隻黑羊，你不能就此認為蘇格蘭所有的羊都是黑的，你得這麼說：「蘇格蘭至少有一個地方，這個地方至少存在一隻羊，牠至少有一面是黑色的。」

慢功夫是你平時就要對世界上的各種事有一個比較可靠的了解。如果你已經比較了解伊拉克這個國家，小布希的演講就不會輕易影響你的觀點。這需要你有一個比較成型的世界觀，而這個學習曲線無比漫長。

硬功夫能讓你的觀點在該被改變的時候可以被改變。慢功夫能確保你的觀點不會輕易被人改變。

這兩個功夫很難，但你總可以有個好習慣，那就是增廣見聞時別只聽「一方面」，永遠要聽一聽「另一方面」。我們吸收資訊一定要有個警覺，別人提供給你的很可能是主觀的事實，是為了讓你接受他的觀點。

兼聽則明，偏信則暗。別而聽之則愚，合而聽之則聖。

問與答

讀者提問：

政客用誤導性的陳述或者資料（比如川普），等聽眾知道了真相後，即使那句話並沒有毛病，但還是會有被騙的感覺，這樣不是會起到反效果嗎？被騙的那個感覺不才是最重要的嗎？

萬維鋼：

直接說謊和用事實誤導雖然本質上都是欺騙，但是被騙的感覺確實是不一樣的。

直接說謊，這個謊話就可以被人拿出來，任何人只要了解這個事實就馬上可以判斷這人是個說謊者。這個判斷成本非常低，人人都能做到，那麼說謊的影響就會很大。所以政客，包括一般的公眾人物，都不太可能直白地撒謊。

川普是有史以來說話最不可靠的美國總統，《華盛頓郵報》（*The Washington Post*）曾說他當總統期間撒了超過一萬個謊，平均每天十二個。有個網站叫 FactCheck.org，專門記錄和分析政客說過的話的真假，它還給川普開闢了一個專區。[38]川普說的謊都是什麼樣的謊呢？一般都是誤導，而不是直接把一個白色的事實說成黑的。

我們舉個例子。二〇二〇年十月十五日，川普在北卡羅萊納州的一個競選集會上說：

「拜登（Joe Biden）這一輩子，整整四十七年，都是靠當政客賺的錢生活的，對吧？可是他有好幾處美麗的房產。他的生活方式看上去就像是年收入超過兩千萬美元。所以拜登非常腐敗，每個人都知道。」

FactCheck網站指出川普這個論斷是虛假的。假在哪？假在拜登並不僅僅有作為政客的薪餉收入。二〇一九年，《富比士》（*Forbes*）雜誌估計拜登夫婦的總財產應該超過九百萬美元，其中約四百萬美元是房產。拜登這些年的收入包括兩百四十萬美元的演講費和一百八十萬美元的圖書巡迴推廣費。拜登還是賓夕法尼亞大學（University of Pennsylvania）的教授，大學給了他超過七十萬美元的薪餉。再考慮到拜登當過八年美國副總統，他有這麼多錢和那樣的生活方式應該是正常的。

主流媒體完全可以把川普這番話定調為說謊。但事實上，定調是主觀判斷。川普這個說法，會不會讓他的支持者覺得他是在說謊呢？川普說拜登只是個政客而不是商人，這沒錯；川普說拜登家有好幾處房產，拜登的生活方式是有錢人的生活方式，這也沒錯；川普說拜登的生活方式就像是年收入兩千萬美元的有錢人，這只是他的主觀看法，誰也說不清年收入兩千萬的生活水準是什麼樣的，也許有些年收入兩千萬的富人生活水準還不如拜登；川普沒說有證據表明拜登每年拿回家兩千萬美元；川普說拜登腐敗，這也可以解讀成他是從「拜登的生活水準與收入不符」這個觀察中得出的觀點，而不是他在宣布一個事實發現。

川普不可能不知道拜登還有別的合法收入，他的確是裝糊塗，他發表這樣的說法確實非常「low」（低級）。但是，他的支持者不會據此就拋棄他。事實上，他的支持者也想這麼說。

川普的支持者完全可以說，沒錯，川普看到的那些也是我看到的，川普說的話也是我想說的……啊，是嗎？原來拜登還有別的合法收入，那我看他不順眼！他那些收入就算是合法的，也不合理！

我們可以假想一下，如果拜登過的是聖人般的生活，一心奉公，不置資產，只有一處住所，還是國家發給的，子女都是藍領工人，那川普說他生活很奢侈，就肯定不行了。如果川普撒這樣的謊，那就沒有任何人會願意再聽他說話。

用事實誤導是非常安全的。顛倒事實黑白，人們馬上就能指出來，但用事實誤導一下，別人要想判斷你這是誤導，就必須做大量的調查研究才行。你得真的去調查一下拜登的收入來源，才能合理地反駁川普。可是即便你做了調查，讀者還得有耐心聽你的分析，還得願意坐下來一項一項地與你一起幫拜登算帳，算完了還得反過來相信川普是有意要誤導，而非只是在代表老百姓說話，這樣他才能認為自己是被川普騙了。

試問有多少人能做到這些？事實上連願意去 FactCheck 網站核實一下政客言論的人都很少。畢竟政治的真相離我這個老百姓的生活太遠了，兒子考試沒作弊或許對我很重要，川普說的話是不是誤導，我哪有時間追究？這就使得老百姓對公共事務的辯論往往都是糊里糊塗的，而這也是理性的。

當然，這也與一個社會的規範有關係。在理想的民主國家，每個公民都應該把「不被政客誤導」視為自己的神聖責任，人們應該強烈打擊那些故意誤導過公眾的人。而這個時代的人顯然還沒達到那個水準，美國有人能弄一些像 FactCheck 這樣的網站，已經算是很不容易了。

第 11 章

三個信念和一個願望

大膽探索科學，積極學習理論，
但是小心翼翼地使用理論，
我們最好有這樣的態度。

最嚴格的思考需要事實、全部的事實和「只是事實」，可是事實有無窮多個，我們總不可能一個個親自驗證。思考總要有個邊界。

總有些事情，是你不假思索就接受的，你總得先相信點什麼東西。

這一章我們說說科學思考者的信念。這些信念是我們對世界的最基本立場，是默認的出發點，我們選擇無理由地相信它們。

但是從純邏輯上來說，它們只是信念。而且這幾個信念的「可信性」一個比一個弱，最後一個簡直太弱了，以至於我認為不能稱之為信念，只能稱之為「願望」。

所以我們要說三個信念和一個願望。

第一個信念

第一個信念是，有一種絕對正確、永恆不變、放諸四海皆準、在所有世界和一切平行宇宙中都一樣的規律。

這個規律，就是數學。數學知識是絕對正確的知識。

為什麼呢？因為數學說的不是任何一個「真實」世界裡的事，而是邏輯世界，或者我們可稱其為「柏拉圖世界」裡的事。數學世界是一個抽象的存在。數學是完全自給自足、不依賴於具體的事物。

比如真實世界中有一個橘子、一個蘋果、一個人，但是並沒有數字「一」這個東西。

「一」只存在於邏輯世界，我們只能想像它。再比如說「直線」，真實世界裡只有很直的線段，而沒有絕對平直、沒有寬度、無限長的「直線」，「直線」屬於邏輯世界。

我們可以想像邏輯世界，但是邏輯世界裡的東西並不依賴於你的想像，而是由邏輯本身決定的。中國人承認的「勾股定理」，古希臘人叫「畢達哥拉斯定理」（Pythagorean theorem），說的是一回事。就算你穿越到另一個宇宙，要與那裡的人說清楚什麼是直角三角形，他們必定也能推導出同樣的理論。

再比如說，每一副象棋都是具體的，但「象棋」這個遊戲本身是一個抽象的存在。象棋完全由它的規則定義，和棋子是用什麼材質製成的沒有關係。不管你是與中國人、與外國人，還是到一個存在魔法的宇宙中去找神仙下象棋，只要把規則說清楚，你們的走法就是通用的。

數學知識都是「發現」，而不是「發明」出來的。數學家並沒有完全掌握所有的數學知識，我們仍然在探索邏輯世界裡的事，我們的數學知識仍然在發展。非歐幾何擴充了平面幾何，哥德爾不完備定理讓我們意識到有些系統不能用有限長的語言描述，有時候某個「悖論」會督促我們把問題想得更清楚一些……但是目前為止，我們沒有發現邏輯世界裡有什麼在根本上是自相矛盾的。

一切證明都需要用到邏輯，所以我們無法跳出邏輯去「證明」邏輯世界的正確性，所以這只是一個信念。我們堅信柏拉圖世界是個永恆的存在。如果這輩子只信仰一個東西，那你應該信仰數學。

古希臘人對此深信不疑。他們意識到數學是永恆不變的理性秩序，且認為這說明了數學的神聖性。凡是會發生改變的東西，比如日月星辰，雖然高高在上，但都會動，就次一等。而我們身邊那些會變舊、變老、過時、被毀壞的事物，就更次一等了。關於變動東西的知識都是比較低等的學問，最高級的學問得研究永遠不變的規律，說白了就是數學。

古希臘人這個信仰在後世的哲學家中引發了大討論，人們質疑知識到底是不是永恆不變的。在我看來，那是他們把第一個信念和第二個信念混淆了。

第二個信念

第二個信念是，我們生活的這個真實世界，也服從於某種永恆不變的規律。這個規律就是「科學」。我們相信世間所有事物都服從於一套科學規律，而這套規律可以用數學語言精確描寫。但是科學的可信性比數學弱得多。我們堅信畢氏定理，因為畢氏定理說的不是任何一個具體的三角形，而是抽象的三角形，它是邏輯推導的結果。但科學說的，都是具體的事物。

一萬年前的人就知道太陽從東邊升起，從西邊落下。一千年前、一百年前、前天、昨天的人也都觀察到了這個規律。可是你能保證這個規律一定是對的嗎？你能肯定白天一定會變成黑夜，黑夜一定會變成白天嗎？地球是個具體的東西，它的活動規律是我們「歸納」出來的，說白了只是一個經驗而已，我們沒有辦法像證明畢氏定理一樣證明地球明天一定繼續自轉。

有的哲學家，比如笛卡爾（René Descartes），他相信我們這個世界的規律是永恆不變的。但也有些哲學家，比如洛克（John Locke）、休謨（David Hume），他們認為歸納法得出的結論根本不可靠，誰也不能肯定明天發生什麼。其實他們說的都對，他們只是把科學和數學混為一談了。從邏輯上講，具體的事物確實沒有「義務」符合抽象的規律。

但是，我們發現這個世界裡具體的萬事萬物的確非常符合數學。物理定律、化學式、生物學、社會科學，所有科學理論本質上都是在用數學描寫真實世界裡的規律。你要是沒想過，可能覺得這天經地義，而只要仔細想想，就會意識到這簡直是個奇蹟。

憑什麼都聽數學的？數學不是柏拉圖世界裡的事嗎？我們這個世界為什麼也那麼講秩序呢？你算一算星體的運動，考察一下電子自旋的磁矩，你會發現用數學方程式寫下的理論和真正測量出來的實驗資料，相差無比之小。

匈牙利物理學家尤金．維格納（Eugene Wigner），在二十世紀六〇年代專門為此寫了一篇論文[39]，說數學在自然科學中如此管用，已經不僅僅是「有效」了，簡直是「不合理的有效性」（Unreasonable effectiveness）。這個世界為什麼這麼兢兢業業、無比精確地符合數學呢？也許因為它是柏拉圖世界的一個投影，也許因為它是某個數學家用方程式模擬出來的。當代物理學家麥克斯．泰格馬克（Max Tegmark）更認為我們這個世界其實就是數學的一部分，基本粒子不是什麼別的東西，它們只是數學結構而已。

這使得有些人相信我們生活在一個數學宇宙之中。似乎只有這樣，你才能解釋為什麼科學規律必須是對的。以前的哲學家不了解這些思想，但我們也只能說「數學宇宙」只是一個信念。我們相信這個世界是講理的。而且既然人也是這個世界的一部分，我們相信人類社會也有科學規律。

但我們不知道這個世界服從的到底是哪個規律。數學結構有很多種，柏拉圖世界裡每一個數學結構都對應一種宇宙，你不知道與我們對應的是哪一個。牛頓（Isaac Newton）的運動定律已經被愛因斯坦的相對論取代，佛洛伊德（Sigmund Freud）的精神分析學說已經被證偽。我們相信必定存在一個描寫這個世界的好理論，甚至也許有個「終極」理論，但我們不能說自己掌握的就是最好的理論。這就引出了第三個信念。

第三個信念

第三個信念是，人可以掌握世界的規律。

我們學科學，搞研究，做學問，都默認了我們這麼做是有意義的。我們認為世界不但有規律，而且允許我們發現它的規律，但從邏輯上來說，這是不確定的。霍金（Stephen Hawking）在《時間簡史》（*A Brief History of Time: from the Big Bang to Black Holes*）中就問過這個問題——假設這個世界有一套物理定律，作為生活在這個世界上的人，必然也受物理定律的約束，而這套物理定律憑什麼允許我們了解它呢？

象棋規則並不允許棋子們了解它，棋子只是被擺弄的對象。孔子說「知之為知之，不知為不知，是知也」；荀子說「天行有常，不為堯存，不為桀亡」，都只是說我們要尊重世界的規律，沒說我們可以去掌握那些規律。這個世界沒有義務讓你理解它。

比如說，我們知道宇宙正在加速膨脹，那如果宇宙膨脹的速度再快一點，可能幾千年前人類覺醒、想要認識世界的時候，天空中已經只剩下很少的幾顆星星。如果天空中只有太陽系的這幾顆星星，你根本就無法推測這個宇宙曾經是什麼樣。從這個角度來說，也許宇宙中有些資訊已經永遠地消失了，也許你永遠都不可能知道宇宙當初是怎麼產生的，萬事萬物到底是怎麼來的。

那我們為什麼還要鑽研這些問題呢？只能說這也是一個信念。德國數學家大衛・希爾伯特（David Hilbert）有句名言：「我們必須知道，我們必將知道。」這其實是一句口號，是對一句拉丁文格言的回應，這句格言是：「我們現在不知道，將來也不知道。」

你最好相信我們可以知道，不然怎麼辦呢？我們總不能只剩下對著大自然抒情吧？

對古希臘哲學家來說，掌握世界的規律是唯一值得去做的事情。蘇格拉底說「知識即德性，無知即罪惡」，意思是人生的追求就是要了解這個宇宙是怎麼回事，特別是要了解那些永恆不變的東西；柏拉圖認為人不但可以知道，而且天生就知道，所謂學習其實都是回憶；基督教也說人可以理解上帝是怎麼回事；中國的程朱理學有種種缺陷，但它有個最大的進步之處，也就是認為人可以追求「天理」。「存天理，滅人欲」這句話的局限在於「滅人欲」，但也有先進之處，那就是「存天理」。

這些其實都只是信念。有了這個信念，你才能有學習的動力。

不過，我們的學習動力可能只是願望思維。

願望思維

我們的願望是，學習科學理論，會對我們有好處。

中國傳統講「生生」，人活著就是意義，所以做什麼都是實用主義。歷史上，探索世界都是琢磨技術，不太講科學。科學與技術其實是兩回事。科學想要的是世界的內在規律，是求知；技術是做出一個什麼東西來，是有用。古代工程師不懂物理學也能做出無比精巧有用的機械設備。在這個意義上，中國古代只有技術而沒有科學。[40]

中國人喜歡說「知識就是力量」、「實踐出真知」，學習科學主要是為了有用。英文的「Science」這個詞，中國最早翻譯成「格致」，來自《大學》中「格物致知」這句話，是為修身齊家治國平天下做準備。真正學著日本人把「Science」譯為「科學」，是在二十世紀新文化運動之後。[41]這是把科學給升格了，是把科學本身作為追求。

所以，中國人對科學其實並不是特別認真，這可能反而是件好事，表示我們不容易做出太極端的事情。人類近代史上有一些對理論特別認真的人，認真到認為不贊同某個理論的人就應該去死，那實在是太可怕了。其實不講「理論」的人破壞力很小，真正造成巨大破壞的，是一群號稱自己掌握了真理、要用真理去改造別人的人。

用科學理論武裝起來的頭腦一定是先進的頭腦，這只是一個願望。人類對世界的探索尚未結束，你以為的那個理論不一定就是你以為的。而且就算你那個理論是對的，也不一定就應該按照它去做。幸福是個主觀判斷，原始社會的人什麼理論都沒有，也覺得自己很幸福。哲學家羅素（Bertrand Russell）說：「我不敢讓別人為我的信念去死，因為我不敢肯定那個信念是對的。」作家紀德說：「相信那些尋找真理的人，懷疑那些宣稱自己已經找到真理的人。」

科學理論是事實還是觀點？這取決於語境。當你用它的時候，你可以把它當作事實；當你研究它的時候，你應該把它當作觀點。理論就好像法律一樣，對普通人來說，法律是事實，是用來遵守的；但如果你是法學家，那法律就只是一個觀點。

大膽探索科學，積極學習理論，但是小心翼翼地使用理論，我們最好有這樣的態度。批判性思維的前提在於人是講理的；科學方法的前提則是一個比一個弱的三個信念和一個願望，我們可以把它們總結為四個立場：

第一，理是存在的。

第二，世界是講理的。

第三，人可以理解世界的理。

第四，我們希望講理對我們有好處。

我完全接受這四個立場，建議你也接受。而你應該知道，這些只是信念和願望，不是純邏輯推導出來的結論。接受這四個立場，我們便已經從純理性往後退了一步。

而且退得還不夠，還得繼續退。思考其實是一種很脆弱的力量。

問與答

讀者提問：

希爾伯特退休時說：「我們必須知道，我們必將知道。」

他曾經有一個夢，那就是找到一種終極方法，可以自動、機械地完成數學證明，但是哥德爾（Kurt Gödel）終結了數學家們這樣的夢想。

哥德爾不完備性定理證明了，自然公理體系一步一步透過邏輯推出的定理，永遠無法知道是不是正確的。

圖靈（Alan Turing）的停機問題讓我們知道，有些事若不親身做一下，你永遠無法透過理論知道結果是怎麼樣的。

俄羅斯數學家馬季亞謝維奇（Yuri Matiyasevich）解決了希爾伯特第十問題——隨便給一個不確定的方程式，能否透過有限步驟的計算，判斷它是否有整數解。結論是上帝有時候面對很多問題也真的不知道答案，甚至不知道到底有沒有答案。

科學家沃爾夫勒姆（Stephen Wolfram）說明了計算的不可約性——真正複雜的東西是無法進行簡化的。

請問萬老師，這些事實感覺上都是相通的啊！如果我們放棄幻想，拋棄願望思維，是不是可以說，我們這個世界就是不可知的呢？

A **萬維鋼：**

這些數學定理告訴我們，世界是不可「完全提前預知」的。並沒有一個機械化、自動、比真實世界簡單的方法能提前、百分百精確地告訴我們世界會如何發展，我們必須親自經歷了才知道，但這可不是說世界是完全不可知的。現實是世界不可提前預知，但又絕對講理的。這與「完全不可知」是兩回事。

我打兩個比方。

比如說有這麼一個世界A，你生活在裡面，每天都有很多驚奇。前幾天太陽都是從東邊出來，今天早上它突然從西邊出來了。而且會不會落下你還不知道，因為據說幾十年前有一次，太陽連續一個月都沒落下。

人們平白無故地就能得到各種食物，有時候是罐頭，有時候是水果蔬菜。有時候出現在村頭的大樹下，有時候直接出現在每個人的家裡。而有些時候，又可能連續很多天沒有食物，有些人還被餓死了。

村長有一天突發奇想，說我們應該自己種點糧食，或者至少把食物都集中起來統一安排使用，對生活有點掌控感。大家一聽有道理，就一方面積極開荒種地，一方面派專人看管食物。可是第二天醒來，人們發現昨天好不容易開出的耕地都變成了大石頭，集中起來的食物也全都消失了。

不僅食物，有的人走著走著也突然就消失了。

你說，像這樣的日子怎麼過？這就是不講理的世界，這才是真正的不可知。也許這個世界裡有神靈在故意玩這些人，也許這個世界純粹是某個小孩幻想出來的。

還有這麼一個世界B，這個世界裡一切都是已知的。人們做任何事之前都已經知道事情的結果，每天只不過是按部就班走流程而已。這個世界裡沒有任何意外或者驚喜，所有事情都是註定的，是絕對的已知。

我們很慶幸，我們這個世界既不是世界A也不是世界B。我們這個世界很講理，同時又有一定的不可知性。日月星辰的運動都非常有規律，就算偶爾發生一次超新星爆發之類的罕見事件，我們也知道那背後是有原因、有原理的。我們這裡幾乎沒有什麼憑空發生的事情，就算是量子力學的隨機性，也有明確的機率。在大多數情況下，我們勞動會有收穫，把食物攢起來不會憑空消失，就算真的出了問題，也一定有原因，有人負責。

我們這個世界很講理，所以我們才值得去研究，去學習。我們這個世界仍然有不可完全提前預知的可能性，我們才對未來有所期待。相對於世界A和世界B，我們這裡簡直是最理想的設定。

要不，愛因斯坦怎麼會這樣說呢？「上帝是不可捉摸的，但是祂並無惡意。」

第 12 章

奧坎剃刀

不懂科學的人常常把科學想像得無比高深莫測，
其實科學理論的價值觀恰恰是尋找最淺顯的說法。

這一章，我們來說「好理論」是什麼樣的。從純邏輯角度來說，什麼樣的理論都有可能是正確的，但是科學思考者有一個特別的審美取向。

這個審美取向能讓你專注於值得的思考，畢竟有些理論不值得你思考。

你想必聽過「杞人憂天」的故事。這個故事對科學的重要性被大大低估了。

杞國有個人整天擔心天會塌下來，擔心地會下陷，於是去請教一個有學問的人，號稱「曉之者」。曉之者告訴他，天只不過是氣體，日月星辰也無非是會發光的氣體，就算掉下來也不會砸傷你；而地早就把所有的虛空都填滿了，根本不會下陷。解釋完後，兩個人都很開心。

我看各路主流的成語典故講解，講「杞人憂天」就講到這裡。人們的理解是天地不可能出問題，所以杞人憂天是沒必要的擔心。這個理解其實是誤讀。

作為現代人，你知道曉之者的解釋是錯的。日月星辰不都是氣體，天上的確可能會有隕石掉下來把人砸死，大地也的確可能發生地震。你說，到底應不應該擔心呢？

「杞人憂天」出自《列子．天瑞》，這個故事還有下文。一個明顯比曉之者水準高得多的人，叫「長盧子」，對此有個相當高級的評論。長盧子說天地都是有形的實體，既然是實體就必然有毀壞的時候，怎麼能說天崩地陷不可能呢？而既然有這個可能性，我們為什麼不擔心呢？

長盧子說杞人的擔心是絕對合法的，邏輯沒問題。那現在有這麼一個邏輯上合法的可能性，你擔心還是不擔心？其實我們現代人也有同杞人一樣的問題，杞人並不傻。「杞人憂天」故事的精髓，是接下來列子的說法。

列子的回答是：「言天地壞者亦謬，言天地不壞者亦謬。壞與不壞，吾所不能知也。雖然，彼一也，此一也。故生不知死，死不知生；來不知去，去不知來。壞與不壞，吾何容心哉？」

列子說確實有這個可能性，但是這個可能性離我太遠了。我連生死這麼常規的事都沒想清楚，未來那麼多事我都不知道，我哪有腦容量擔心天崩地陷這麼縹緲的可能性？

我敢說列子這番話，就是我們對科學理論的終極審美標準。「杞人憂天」，是中國版「奧坎剃刀」（Occam's Razor）。

對於什麼樣的問題值得被嚴肅對待，什麼樣的理論稱得上「科學理論」，哲學家有過各種爭論。

卡爾．波普（Karl Popper）提出一個標準叫「可證偽」，意思就是這個理論能做出什麼預言來，得讓人檢驗一下才行。

比如說，「一切事物都是上帝的安排」、「世界其實是虛擬的，你看到的一切都是用電腦渲染出來的效果」，或是「有個神靈此時正看著你的一舉一動」，這些理論就是不可證偽的。是不是上帝安排的，是真實還是虛擬，有沒有神靈看著我等，對我又有什麼區別呢？可能你說的都對，但是對錯與我無關。

反過來說，「你做的任何好事和壞事，都會在十五天之內遭到報應」則是一個可證偽的理論。這樣的理論對我的生活提出了明確的預言，我必須非常關注，而這樣的理論有出錯的風險。

可證偽，是說你這個理論敢冒出錯的風險，才值得我嚴肅對待。

可證偽是個很好的標準，但並不是唯一的標準。比如說，「天地有一天終將毀滅」或「你明年一定能找到女朋友」，這些話也是可證偽的，但這是科學理論嗎？我們根本等不到天地毀滅的那一天，科學家根本不在乎你能不能找到女朋友。這麼想的話，科學理論應該是對事物的某種一般規律的描述，且這個規律得有實用價值才行。

波普的「可證偽」只是一家之言，現在對科學並沒有一個統一的定義。我們也沒必要非得尋找一個嚴格的定義，畢竟沒人指望你給科學理論頒發認證的證書，但是我們可以有一個心法，也就是我說的審美。

這個審美取向的標準就是「奧坎剃刀」。

「奧坎」是個英國的地名，奧坎剃刀的提出者叫奧坎的威廉（William of Occam），是十四世紀的一位修士。奧坎剃刀是一個哲學法則，意思是如果現在有好幾個理論都能對一件事情提出解釋，都能提供同樣準確的預言，那應該選擇哪一個呢？你應該選使用假定最少的那個。

這句話有時候被簡化為「若無必要，勿增實體」。有些人對奧坎剃刀的理解是追求簡單，即如果有一個簡單的理論和一個複雜的理論是等效的，我們應該選擇簡單的那個理論。簡單的關鍵在於「假設少」，我舉個例子。

為什麼地球繞太陽一周的時間，每一年都是一樣的？對此有兩種解釋：

第一，這是上帝的安排。上帝希望人的生活依照固定的節奏，所以安排每一年的長度都一樣。

第二，這是因為地球在做規則的橢圓運動，沒有什麼因素年年改變地球軌道。

奧坎剃刀要求你選擇第二個解釋。第一個解釋在邏輯上也沒問題，但是它必須假設上帝存在，上帝很關心人的生活節奏；第二個解釋則不需要任何假設：數學決定了軌道自然就是這樣。

牛頓的三大運動定律發表在《自然哲學之數學原理》（*Principia*）這本書中。這本書的最後，有一章叫「哲學中的推理規則」，牛頓講了一些哲學，解釋了為什麼要把物理學寫成定律。他列了四條規則，後面三條等同我們上一章所提「世界有規律」的信念；而第一條規則，其實就是奧坎剃刀。牛頓說的是：「尋求自然事物的原因，不得超出真實和足以解釋其現象者。」

意思是——如果這三條定律已經足以解釋萬事萬物的運動，就不用再想別的原因了。更直白一點則是——如果引力已經足以解釋行星的運動，就沒有必要再說「每個行星背後有一個天使在推著它動」。再簡單粗暴一點——我牛頓也信仰上帝，但是我認為上帝統治世界的方法應該是規定幾個定律，而不是單獨安排各個物體怎樣運動。

奧坎剃刀的本質不是「簡單」，而是「淺」。你應該選擇最淺顯的理論，能把事情說清楚就可以了，沒必要深挖背後的原因。牛頓說了三大定律就可以打住，他根本不用說上帝為什麼這麼做。

淺顯，就是科學理論的價值觀。

為什麼杞人不應該擔心天塌下來？因為天塌下來這種事我們沒見到過。沒有別的證據，那麼「天不會塌」這個理論就可以了。如果從哪天開始天上動不動就往下掉隕石，我們再研究這個問題也不遲。

再比如說，牛頓力學已經被愛因斯坦相對論推翻了，那牛頓力學還是科學嗎？當然是。我們的日常生活，包括火星旅行，用牛頓力學都足夠了。如果不是因為一些極其特殊的物理現象只有相對論能解釋，我們就根本不需要相對論。是因為有觀測證據，是因為「光速不變」這個事實在沒有更淺顯的理論能解釋，我們才相信時空是彎曲的，我們才嚴肅對待相對論。

奧坎剃刀這個原理說，如果你沒有任何證據，就整天在那想時空到底是平直的還是彎曲的，那你就是杞人憂天。

奧坎剃刀是思考的剎車——千萬不要想太多，能用淺顯的道理說明白的，就不要深挖別的原因。平時一旦發現自己想多了，就趕緊想想奧坎剃刀，你的日子會好過一些。

我們看兩個心理學上的應用。

以前奧地利有位著名歌劇導演叫赫伯特．格拉夫（Herbert Graf）。赫伯特小時候有個毛病，特別怕馬。當時沒有汽車，滿街都是馬車，小赫伯特每次出門都特別害怕。

本來這是個簡單的事。小赫伯特四歲的時候目睹過一次馬車交通事故。當時車翻了，拉車的馬倒在地上瘋狂亂踢，小赫伯特可能是怕馬咬他。他後來對父母說，特別怕馬眼睛上和嘴上的「黑色東西」，也就是馬的眼罩和嘴套。這些都很正常，對吧？

但是赫伯特的父親，音樂評論家馬克斯．格拉夫（Max Graf），認為這件事背後另有原因。格拉夫是當時盛行的「精神分析」理論信徒。這門學問認為人的各種怪異思維都與性欲有關係，就連對四、五歲的小孩，也有個「幼兒性欲理論」。於是格拉夫寫信給一位心理醫生，問兒子為什麼怕馬。

這位醫生一聽就明白了，這不就是「伊底帕斯情節」（Oedipus complex）嗎？處在這個年齡的孩子都有一個「戀母弒父」的欲望，想要擺脫父親，獨自和漂亮的母親待在一起，是母親的溫柔激發了孩子的性欲。你兒子為什麼怕馬眼睛和嘴上的黑色東西？那其實就象徵著父親的眼睛和鬍子！他怕馬的本質是不願意出門，是想留在家裡獨自和心愛的母親待在一起！

這不是胡說八道嗎？小赫伯特的症狀僅僅是怕馬，可沒說他不能離開母親。而且過沒幾年，赫伯特對馬的恐懼就消失了。我們用「小孩因為受到一次驚嚇而對馬產生了恐懼心理，長大之後就不怕了」這麼一個淺顯的理論就足以解釋這一切，完全扯不到伊底帕斯身上去。

第二個案例：一個十三歲的小女孩A，邀請另一個小女孩同學B來家裡玩。兩人玩的過程中，B低頭看手機，A突然想起同學總拿B與她比較，而且都說自己不如B，一時之間感到很憤怒，就拿起東西砸了B的頭。B被砸暈了，A感到很害怕，可能是怕B醒過來告狀，也可能純粹就是太慌亂，失控了，竟然繼續打B，最後把B殺死了，還進行分屍。

有人使用犯罪心理學[42]對Ａ進行分析，提了個理論叫「嫉妒會殺人」，說嫉妒有多麼多麼可怕，累積到一定程度就會如何如何……像這樣的理論有意義嗎？這個案件明明用「層層正回饋」和「非常罕見的一個偶然事件」就能解釋。

現代心理學給我們最大的一個教訓，就是不要推測別人的「動機」。人腦是個多元政體，每時每刻都充滿了各種聲音，代表互相矛盾的情緒。人連自己都說不清自己的動機是什麼，非得問動機，只能現編一個。英國行為科學教授尼克．查特說「思維是平的」[43]，人的臨場想法都很淺，深層動機都是講故事。

動機沒用，但是行為模式很有用。有一類常見的犯罪是丈夫殺妻子、男友殺女友。要是分析其中的犯罪心理學，能講出很有意思的故事，但是很難預言哪個丈夫會殺自己的妻子。反倒是有人不管什麼心理學，直接考慮行為模式，比如說男方是否失業、是否打過或者威脅過孩子、是否嚴格控制女方的日常活動等，按照行為列表打分數，就能相當準確地預言女方被害的可能性。

行為模式，就是牛頓力學定律描述行星如何運動；犯罪動機，則是給你一個「天使推著行星運動」的解釋。

奧坎剃刀要求我們，如果行為模式足以說明一個現象，就不需要再挖什麼深層的東西了。如果最簡單的心理學已經能夠解釋這個人為什麼做這件事，你就沒必要深挖他童年的性欲。

不懂科學的人常常把科學想像得無比高深莫測，其實科學理論的價值觀恰恰是尋找最淺顯的說法。相對論和量子力學之所以難懂，不是因為物理學家故意想那麼深，而是因為只有那樣的理論能描寫實驗觀測到的那些怪異現象。科學理論是最樸實的理論，從不裝神弄鬼。

奧坎剃刀要求你想得愈少愈好，愈淺愈好。這個人的動機是什麼？我不在乎。我只在乎他的行為模式，因為真正影響世界的是他的行為模式，不是動機。這個世界的本質是什麼？我不知道，我只知道這個世界裡一些事物的運行規律。電子到底是個什麼東西？我不懂，我懂的只是描寫電子行為的一組方程式。

我認為奧坎剃刀能帶給你一種比較酷的氣質。有點想像力當然總是好的，你可以偶爾暢想各種事情，但是沒必要整天擔心不值得擔心的東西，也不應該把過多時間浪費在虛無縹緲的東西上。

直到你有新的證據為止。

問與答

Q **讀者提問：**

萬老師，我最近剛剛看完莫里斯・克萊因（Morris Kline）所寫的《數學簡史》（*Mathematics: The Loss of Certainty*）。裡面講到，數學從歐幾里得（Euclid）《幾何原本》（*Stoicheia*）的公理系統開始，從確定性到富有爭議，分支了很多學派。這讓我的認識從數學是絕對確定性的，變成了數學不是絕對的真理，不存在百分百的確定性。我的問題是：現在的數學各學派都怎麼看待數學的確定性這件事情？是否有統一的認知？

A **萬維鋼：**

現代數學沒有「學派」。數學家之間的分歧，一方面是價值觀的分歧，比如爭論是這個值得研究，還是那個值得研究；一方面是對未知數學結論的猜測的分歧，比如P和NP到底是不是等價的。這些都只是個人主觀的想法而已，不是數學結論。

設想如果現在有個數學家站出來，說我證明P等於NP，這裡是我的證明過程，那麼，關於他這個證明是對是錯，全體數學家一定能在有限的時間內（比如說一個月之內）給出一個達成共識的結論。數學界不可能出現一派數學家說這個定理對、另一派數學家說這個定理錯的情況。數學裡的對錯是絕對的。

那為什麼歷史上會有學派，為什麼公理系統出了問題呢？那是因為以前人們對數學的認識有所不足。以前人們默認幾何學就是平面幾何，曾經爭論過歐幾里得平行公設到底需不需要，兩條平行線永不相交這件事到底是不是一條公理。後來人們意識到幾何還可以是曲面上的，這個問題就說清楚了。

這就好比說有些人下西洋棋，有些人下象棋，你可以說這是兩派人，他們用的規則不一樣，他們研究的是不一樣的系統，但不能說下棋這件事有矛盾。

同樣是下西洋棋，有的人開局喜歡西西里防禦，有的人喜歡后翼棄兵，你可以說這兩種打法是兩個門派，但也不能說西洋棋有矛盾。

事實是現代學科，特別是自然科學，已經沒有「學派」這個說法了。以前物理學有過「哥本哈根詮釋」（Copenhagen interpretation），聽起來像是一個學派，但那是因為對量子力學的理解確實可以五花八門。在沒有足夠實驗證據的時候，人們可以有各種猜測；一旦實驗出來，物理學家們就會被統一在一起。科學家在事情未知的時候會有各種猜測，但這不是科學結論的分歧。

事實上，就連經濟學都不愛講學派了。以前中國大學教經濟學有個專有名詞叫「西方經濟學」，彷彿還有個對應的「東方經濟學」，現在大家默認經濟學就是西方經濟學。經濟學家歷史上有各種門派，什麼「新古典」、「芝加哥」之類的，那是因為大家都沒把經濟學想明白，誰也說服不了誰，那是暫時的現象，是學科不成熟的表現。

第13章

我們為什麼相信科學？

科學是一個社會行為。

所謂科學知識，

其實只是當前這一代科學家的集體共識而已。

「科學」可能是我們這個時代最厲害的詞。如果說一個東西「不科學」，那就是宣判了它不行，即使它表現得再好，也是偶然和不值得學習的。如果我們說什麼東西是科學的，那就說明它不但是對的，而且是高級的，代表最高的認識水準。如果有什麼問題，我們通常想要一個科學的答案。

可到底什麼是科學呢？

科學是一個形容詞嗎？科學是一種行為嗎？科學是一套知識，還是一套方法？我們為什麼相信科學？科學和不科學的區別到底是什麼？

我先出一道選擇題。四個選項中，只有一個是最正確的。

我們為什麼相信科學？

一、因為科學知識是客觀的

二、因為科學是一套方法

三、因為科學理論是可證偽的

四、因為科學家很厲害

正確答案可能出乎你的意料。

「科學是什麼」這道題，你問科學家是不行的，你得去問哲學家。這就好比鳥自己並不知道什麼是鳥，你得問鳥類學家才知道什麼是鳥。

方法

科學和迷信，這兩者的最大區別是什麼？十九世紀有位法國哲學家叫孔德（Auguste Comte），他提出了一個關鍵洞見：宗教迷信給你的是「教條」（Doctrine），科學則是一套「方法」（Method）。授人以魚不如授人以漁，如果第一個人只告訴你什麼是什麼，第二個人卻告訴你如何取得知識，你就應該聽第二個人的。

相信方法，就是要重視事實調查，而不是聽從別人給的預設立場。法蘭西斯・培根（Francis Bacon）曾經把「科學方法」總結為這五步驟：

第一，觀察。

第二，提出理論假設。

第三，用你這個假設做出一個預言。

第四，做實驗來驗證預言是否成真。

第五，分析你的結果。

如果結果符合你的預言，你的理論就可能是對的；如果不符合，你就需要修正假設。

一九一〇年，美國哲學家、心理學家約翰・杜威（John Dewey）寫了一本書，《我們如何思考》（*How We Think*）[44]，正式提出「科學方法」是判斷科學和不科學的標準。杜威有個來自中國的學生叫胡適，胡適有句名言叫「大膽假設，小心求證」，說的就是科學方法。我們相信科學，並非因為科學是什麼「權威」，而是因為科學的方法厲害。這個認識夠高級吧？

一般人，包括很多科學家，對於「科學方法是什麼」的認識就到此為止了，但是這個認識太淺了。其實這套方法並不足以讓人相信科學。

比如你聽說了牛頓力學，就在家裡拋小球做實驗，發現牛頓的重力加速度理論是對的。你能說你驗證驗證了牛頓力學嗎？你只能說在你家這個地方，對小球來說，牛頓力學是對的。在別的地方和對別的東西呢？你敢說登陸器在火星上的運動也符合牛頓力學嗎？太陽系以外呢？就算你做的所有實驗結果都符合牛頓力學，你也只能說你的結果「支持」牛頓力學，而不能說你驗證了牛頓力學。這個道理就如同你看到的所有天鵝都是白色的，也不能保證天鵝就一定是白色的……你無法排除黑天鵝存在的可能性。

這就是「歸納法」的局限性。好比有個新藥，對美國患者都有效，你能確定它對中國患者也有效嗎？一個以美國大學生為實驗物件得出的心理學理論，你能說它對亞洲人也適用嗎？你不知道。

思考需要事實，唯有事實和全部的事實——可是你永遠都無法驗證全部的事實。事實可以誤導，絕對的客觀公正根本就是一個神話，科學理論也不可能是絕對客觀的。如果牛頓力學可以被相對論取代，你又怎能說相對論就一定是對的，不會被別的理論取代呢？

只有數學可能絕對是對的。對真實世界來說，沒有任何方法能判定一個理論絕對是對的。現代的哲學家有很多觀點都不一樣，但有一點是他們的共識——根本沒有什麼一錘定音的「科學方法」。[45]

證偽

進入二十世紀，卡爾．波普橫空出世，他是只要你談論科學哲學就不得不提的人物。波普的招牌觀點叫「可證偽」。他說科學不是方法，而是態度；科學的本質是「我不信，我要提出質疑」。

想要證明一個科學理論，那是不可能完成的任務，但是證偽一個理論則只需要一個實驗。一九一九年日全食，亞瑟．愛丁頓（Arthur Eddington）觀測到本該在太陽背後的星光出現在了太陽的正面，說明空間不是平直的，牛頓力學立即就被證偽了，愛因斯坦這才聲名大噪。

所以波普說，科學家真正應該追求的不是證實，而是證偽。科學理論，是用來等著被證偽的。

波普還把這個思想推廣到了政治上，提出「開放社會」的概念，說知識分子的使命就是去質疑。「可證偽」這個觀念現在已經深入人心。

然而真實的科學家並不是整天都在「證偽」，「可證偽」大多數時候根本不具備可操作性。

我舉個例子，密立坎油滴實驗。物理學家羅伯特．密立坎（Robert Millikan）讓一些非常小的油滴通過電場懸浮在空中，根據油滴的重力和電力這兩個數值，就能計算出油滴帶有多少電荷。密立坎發現，不管油滴大小，它的帶電量總是一個數的整數倍，比如有時候是三倍，有時候是四倍，有時候是七倍。那麼這個數，就必定是最小的電荷單位，也就是單個電子的電荷。這個實驗讓密立坎獲得了一九二三年的諾貝爾物理學獎。

現在我們本著波普的質疑精神，重做一遍油滴實驗。

我敢打賭你做不成。我上大學的時候做過這個實驗的模擬，操作實在太難了，會遇到各種麻煩。假設你的實驗結果與密立坎的不一樣，沒有發現電量都是某個數的整數倍。那請問，你能說你證偽了密立坎的理論嗎？

你當然不能。實驗結果不對，可能是密立坎的理論有問題，但更可能是你的實驗操作有問題，也許你的儀器不精確。就算你對自己的實驗很有信心，也不一定僅僅是密立坎錯了。你做計算要用到電磁學和牛頓力學，為什麼不是電磁學和牛頓力學也錯了呢？

事實是，密立坎本人也好，後來重複油滴實驗的物理學家也好，都有意無意地修飾了自己的數據，他們是刻意地想讓實驗資料符合理論。[46]重複油滴實驗的那些物理學家根本就不是在證偽！為什麼呢？因為他們知道，證偽是個沒有建設性的動作，是無法得出新理論的。

這個道理是，要驗證也好，證偽也好，你必須得先信信點什麼東西才行。什麼都不信，不是做學問。你總要維護一些什麼東西才行。你得相信牛頓力學、電磁學和你的實驗儀器，才談得上使用它們。

可是你那個「信」又是從哪來的呢？

共同體

「信」只能是來自科學家的集體。最早認識到這一點的是一位出身微生物學家的哲學家，路德維克·弗萊克（Ludwik Fleck）。以前的科學哲學家都默認科學是科學家單打獨鬥的行為，弗萊克說不對，科學其實是科學家的集體行為。

沒有哪個科學家是孤立的。每個學科都是一個共同體，所有科學家形成一個個圈子。科學家們總在一起開會，寫論文互相引用，編寫教材，講課帶徒弟。「民間科學家」才單打獨鬥，真正的科學家必須進入圈子，必須尊重同行的工作。你的實驗成功與否不是你自己說了算，必須是科學共同體說了算。

科學進步不是由某個科學家使用某個方法推動的，而是由「科學家」這個集體推動的。這就引出了另一位科學哲學的大人物，湯瑪斯·孔恩（Thomas Kuhn）。

孔恩的招牌概念叫「典範」（Paradigm）。所謂典範，就是科學共同體對當前局面的共同認識。量子力學出現之前，所有科學家都認為原子是一個個的小球，都是粒子，這就是典範。量子力學出來後，人們認識到微觀世界的波粒二象性，有了不確定性的觀念，這叫「典範轉移」（Paradigm shift）。

要點在於，典範轉移並不經常發生。大部分情況下，科學家是在當前典範之內做研究。你不是質疑共同體的理論，你是補充和完善那些理論。你的實驗結果要是與典範對不上，最大的可能是你實驗有問題，而不是典範錯了。只有當證據實在太明顯，很多科學家都反覆證明那個典範確實失效了，典範轉移才會發生。

孔恩這個說法的問題在於，他不能說明為什麼這個典範比那個典範好。並沒有一套標準化的操作方法，比如讓科學家們開個會，投票表決要不要典範轉移。典範轉移有點像「湧現」（Emergence）現象，不是安排出來的。[47]

孔德說科學不是教條，是方法；波普說科學不是方法，是態度；弗萊克說科學不是個人，是集體；孔恩說科學不是單個理論，是典範。他們說的都有道理。

在他們的基礎上，最新一代科學哲學家，比如美國科學史專家娜歐蜜・歐蕾斯柯斯（Naomi Oreskes），有兩個關鍵認識：[48]

第一，科學不是方法，而是一系列的實踐。

第二，科學不是個人的事，而是社群的事。

「當前科學理解」

科學是一個社會行為。所謂科學知識，其實只是當前這一代科學家的集體共識而已。

回到這一章開頭的問題。我們為什麼相信科學？

這就好比在問，一個清朝人為什麼承認大清政權的合法性？他不是用邏輯推論出來愛新覺羅家族就是中國的皇族正統。他承認清朝，是因為大清有兵。而我們之所以相信科學，是因為科學家很厲害。所以這道題你應該選最後一個答案。

這就是為什麼我總愛說「當前科學理解」，我從來沒說過我們在使用「真理」，因為真理根本就不是科學這門專業所能得到的東西。當前科學理解，是當前這一代科學家共同編織出來、對世界如何運行的一套描述和解釋。

但是請注意，我服從當前科學理解，可不是因為我害怕科學共同體，並沒有人拿槍指著我說你文章必須這樣寫；我服從它，是因為我對科學共同體表示服氣。科學共同體有四個厲害之處，你不得不服。

第一，它是相對客觀的。沒有絕對的客觀，但是相對於科學家個人的各種偏見，科學共同體是比較客觀的。因為這是一個開放、充滿多樣性的群體。你從哪裡來、怎麼想、用什麼方法都可以，只要能說服我們就行。

第二，它有很強的糾錯能力。科學家和科學家之間不互相吹捧，永遠都是互相質疑的關係。你提交一篇論文，審稿人的任務就是挑你的毛病。科學家互相批評但是又很講理，他們是最願意被人說服的群體。

第三，科學家有創造性。科學家不是一群機器人，科學研究不是在執行演算法。「沒有科學方法」的意思是不存在標準化的科學研究操作，每一代科學家都在發明自己的研究方法。科學研究活動就像是一門藝術，而這恰恰保證了科學能夠不斷地發展。

第四，科學這門專業永遠聯繫實際。有時候研究偏題了，比如超弦理論已經與實驗沒關聯，或宏觀經濟學模型解釋不了中國的經濟增長，一定有科學家會跳出來反叛，說不與你們蹭論文了，我非要去看看中國到底怎麼富起來的。科學家在意的永遠是真實世界。

我們信任科學是因為我們信任科學家，這就如同你信任醫生或水電工一樣。並不是因為他們身上帶有魔力，而是因為他們就是做這件事的。水電工的任務就是知道哪根水管哪裡出了問題，科學家的任務就是發明新理論，對理論提出質疑，兢兢業業地把理論與真實世界進行對比，不講情面地互相批評。

民間大師做不到這些，傳統療法做不到這些，所以我們選擇不信任他們那些社群，而信任科學家。

我們號稱是科學思考者，可是我們已經從純邏輯後退到講立場、信念和希望，再後退到講審美，現在又後退到講社群。這是我們對真實世界不得不做的妥協。

但我們這個信任是有條件和邊界的，我們知道「當前科學理解」不一定對。

問與答

Q 讀者提問：

想請問老師對於社會科學的看法是什麼。我們對社會的研究到底是一種探索，或只是一種對歷史發生的事件進行的總結與歸納？又如這一章說到歸納法與證偽的局限性，我們所總結出的規則，真的對未來具有指導意義嗎？

A 萬維鋼：

關於社會科學，我們必須分辨清楚它是一種什麼意義上的「科學」。

自然科學的看家本領是能對世界提出預言。比如說，我們可以預言天體的運動、化學反應、材料的穩定性等等。自然科學的運作模式是我找到一個規律，用這個規律對未來做出了一個預言，其他人可以隨便做實驗去驗證我的預言——可重複，可檢驗，可證偽。

如果你類比自然科學的這個性質，說社會科學也能發現社會運行的規律，並且對未來做出預言。那麼，你心目中的社會科學，被哲學家稱為「歷史主義」。

歷史主義認為人類社會的發展存在一些客觀的規律，這些規律決定了人類未來的發展必定有一個大趨勢。當然，具體是什麼趨勢，不同的學者可能有不同的看法，也許有的學者認為強大的民族必定戰勝弱小的民族，有的學者認為未來必定是西方文明和東方文明的衝突，有的學者認為未來全世界必定是天下大同的社會，都行！關鍵是只要你認為未來有一個不可抗拒的趨勢，你就是「歷史主義者」。

在歷史主義者眼中，世界上的人只有兩種：一種是推動這個趨勢前進的人，一種是抵抗這個趨勢的人。這兩種人的鬥爭可能會加快或者減慢這個趨勢的實現，但最終結果一定是推動者戰勝抵抗者。

歷史主義是把自然科學映射到社會上的結果，聽起來很有科學味道。

但是卡爾・波普說，歷史主義，不是科學。

波普的邏輯是這樣的。考察一下人類歷史，你會發現歷史受到知識和科技進步的強烈影響。有蒸汽機和沒有蒸汽機，有網路和沒有網路，人類的歷史會很不一樣，甚至可以說是科技左右了歷史。而科技本身是不可預測的，並沒有任何數學定理說蒸汽機這種東西一定能夠被人類發明出來。既然歷史受到一個不可預測的東西影響，歷史本身怎麼可能是可預測的呢？

我覺得波普這個論證還不夠徹底。波普有個學生叫喬治・索羅斯（George Soros），也就是那位傳奇的金融大鱷。索羅斯在波普的基礎上，提出了一個觀念叫「反身性」，說得更徹底。反身性的意思是——因為「人」這種東西能聽懂你的理論，所以你對「人」的預測會影響他的行為，而因為他可以改變行為，你的預測也就沒有意義了。

比如說，「明天會下雨」，這是一個自然科學論斷，我們坐在家裡這麼預測並不會影響結果，所以自然科學可以是科學的。但要是我說「你是我的敵人」，這可就不是自然科學的預測了。

可能你本來不是我的敵人，我明明是說錯了，然而你聽到我這麼說，你就決定當我的敵人，結果我預測對了。那我到底是預測對了還是錯了？

反身性在社會科學中比比皆是。比如我們想選拔聰明的孩子進大學，於是就發明了「聯考」這個選拔方法。如果所有孩子都不備考，你突然襲擊，上來就考，那這個方法確實能選拔到聰明孩子，很科學。但是孩子們知道了你的選拔方法之後，紛紛開始做題備考，以至於原本應該用來學習新知識、探索世界的時間也被用來做題，而且做題能力並不是你想要的那種聰明，結果「聯考」這個選拔方法就失效了。

這就好比在金融市場中問有「科學的」炒股方法嗎？你只要發明了一種特別能賺錢的炒股法，別人就會效法，那麼接下來就會有人像做題一樣，看看你這個方法考察的是什麼指標，然後專門做出來那些指標，導致大量原本不優秀的股票也符合這個方法的選股標準，於是你的方法就失效了。

再比如說，馬克思（Karl Marx）斷言資本主義一定滅亡，可是為什麼這麼多年過去了，資本主義沒有滅亡，反而很多以前的社會主義國家都在實行資本主義呢？你也不能說馬克思的理論一點作用沒起到。也許正是因為有了馬克思的預言，資本家考慮到這麼下去要出大問題，必須趕緊提高工人的福利待遇，才導致資本主義沒有滅亡。

因為這種反身性的特點，關於社會發展規律的理論早晚都會變調，各種預言都可能反轉。所以按照波普「可證偽」這個標準，歷史主義必定不是科學。

但是我們前面講了，「可證偽」並不是判斷科學與否的終極標準。就算社會科學永遠都不能做出準確的預言，我們也不能說社會科學「不科學」，也不能說人類社會的運行完全沒規律。事實上，心理學、社會學、政治學，包括金融學中都有很多規律，只不過有些規律是互相矛盾的，以至於你無法利用這些規律賺錢。

懂得一些矛盾的規律，比不懂規律要好得多。這就好比老球迷看足球比賽，並不見得比不懂球的人更能準確預測比賽結果，但是能看出門道，知道誰是場上的關鍵人物，有時候真能提出有效的建議。社會科學也有一個很可靠的共同體，正如「這裡誰懂球」，大家還是能看出來的。

社會科學不能精確使用，但是可以用來借鑑，可以幫助想像。你看懂之後，可以選擇往一個方向推動社會改變，也可以選擇抵抗別人的推動。你發現了一個炒股賺錢的方法，就可以先用起來，畢竟距離別人抄襲還有一段時間。

所以，我認為波普說得很有道理，索羅斯說金融是煉金術也沒問題，但這並不意味著社會科學都是胡扯。社會科學是不是「科學」，取決於你怎麼定義「科學」。我們應該相信社會有規律，但是應該拒絕相信社會有什麼放諸四海皆準、永遠不變的規律。

第 14 章

演繹法和歸納法

科學思考應該兩種方法一起用，
歸納法能幫助演繹法做事實驗證，
演繹法能幫歸納法尋找規律的發生機制。

相信科學不是盲目的信任。作為科學思考者，我們不但要知道科學的結論，更要理解科學家的解題思路，不然你依舊是一個不思考的人。這一章我們說說科學研究中最常用的兩個方法，相信你在日常思考中也能用到。

演繹法（Deductive reasoning）是指運用一個現成的理論，透過邏輯推導，形成判斷。做數學題就是演繹法，從已知的定理和公式出發，經過若干推導和計算，形成一個結果。還有最早來自亞里斯多德（Aristotle）、最基本的邏輯「三段論」也是演繹法，三段分別是：

第一，大前提，例如「人都要吃飯」。這是要用的理論。

第二，小前提，例如「這些士兵也是人」。這是理論的適用範圍。

第三，結論，例如「這些士兵需要吃飯」。這是對理論的運用。

我們平常說「講理」，本質上就是演繹法。我們要學習科學知識、掌握各種理論，都是為了要用演繹法。演繹法的要點是，你不能光記住幾個別人說的結論，應該掌握一些理論，自己能在各種場合舉一反三、活學活用。

歸納法（Inductive reasoning）則是在沒有理論的情況下，從一些事實出發，自己總結出一個理論，也就是從案例中發現規律。

比如說，你注意到不管是上體育課還是做苦力，男性的表現都要比女性好，於是你得出一個結論：男性的身體素質比女性好。這就是歸納法。你沒有使用任何理論和現成的知識，你只是從事實中總結了一個規律。

我們平常說要有「洞見」，要「累積經驗」，要潛移默化地訓練一種感覺，這些都是歸納法。使用事實驗證理論的假設，也是歸納法。

簡單地說，演繹法是從理論到對事實的判斷，歸納法是從觀察事實到總結理論。這兩個方法都有弱點。使用演繹法可能高估理論的適用範圍，做出一廂情願的推論；使用歸納法可能因為不完全的事實得出片面的規律，容易出黑天鵝事件。

科學思考應該兩種方法一起用，歸納法能幫助演繹法做事實驗證，演繹法能幫歸納法尋找規律的發生機制。

比如說，你觀察到在數學競賽中得名的大都是男生，於是你得到一個結論：男生更容易在數學上達到高水準。這是歸納法。可是你能據此就不讓自己的女兒參加數學競賽嗎？不能。

你不知道為什麼有這個規律。是女生不如男生聰明嗎？還是因為大部分女生不願意學數學？如果是後一個原因，也許你應該鼓勵女兒學數學。找到一個規律是不夠的，你必須了解規律背後的機制，為此你需要演繹法。有事實有理論，這才叫完整的思考。

說得容易做得難，我們講三個實戰例子。[49]

女性應該受高等教育嗎？

一八七三年，哈佛大學醫學院教授愛德華・克拉克（Edward H. Clarke）出了一本書

[50]，提出女孩不適合接受高等教育。他說，高等教育會對女孩的身體造成損害，特別是會讓卵巢和子宮萎縮，影響生育能力。

這是一個匪夷所思的觀點，但克拉克可是用最新科學理論演繹出來的。當時物理學家剛剛提出「熱力學三大定律」，是知識分子心目中最時髦的理論。克拉克用熱力學第一定律「能量守恆」演繹出一個關於身體的「有限能量理論」。他說，身體的總能量就這麼多，高等教育會讓女孩的大腦和神經系統消耗大量能量，那她們的其他生理系統，比如子宮和內分泌系統，收到的能量就必定減少，自然就會導致發育問題。

我們今天來看，這個推論值得吐槽的點實在太多了。男孩也應該受能量限制啊，為什麼男孩就可以接受高等教育呢？學習到底能消耗多少能量？多吃點食物補充不行嗎？為什麼高等教育對女孩的傷害專注於生殖系統，而不是別的功能呢？再說，去工廠工作和當家庭主婦難道就不消耗能量嗎？克拉克的演繹法沒有考慮這些。

克拉克的歸納法也存在嚴重的不足。他在書中列舉了幾個女性的故事，無論是接受高等教育，或參與傳統上只有男性參與的工作，說她們都面臨各種生理失調的身體問題……但是，案例只有七個。

這麼一本有嚴重方法缺陷的書，竟然總共出了十九版，影響了美國三十年。而在克拉克的書出版四年後，就有人發表了相當全面的實證研究，找到幾百個案例，都說明接受高等教育並沒有讓女性有任何生理上的不適感，可是沒有受到重視。

我們現在來看，這簡直太荒謬了，但是考察歷史得用當時人的眼光去看，考慮在當時的那個資訊條件和文化背景之下，人們如何判斷。「女性接受高等教育」在當時絕對是件新鮮事，而女性當家庭主婦或從事別的勞動則是「正常」的。克拉克用一個新理論研究了一個新事物，得出了符合人們直覺的結論，所以他就立下名聲了。

哈佛教授、最新的物理學、演繹推理、科學名詞……你應該知道，這些旗號並不能確保一個觀點是對的。

韋格納是正確的嗎？

你一定聽過大陸板塊漂移理論，這個理論說以前地球上各個大陸是連成一片的，後來因為火山噴發、地震之類的地質運動分散開了，慢慢形成了今天這個樣子。這個學說是正確的。我們要講的是它在科學史上的一個大烏龍。

早在一九一二年，德國地質學家韋格納（Alfred Wegener）就提出了大陸漂移學說。韋格納可不是民間科學家，他不僅僅給出一個猜想，還做了大量研究。他在一九一五年出了一本書，名叫《大陸與海洋的起源》（*The Origins of Continents and Oceans*），他還在一九二〇年、一九二二年、一九二九年先後改進了這個學說。但是，韋格納沒有得到主流學術界的認可。

為什麼學術界不接受韋格納的學說？很多人，包括我自己都寫過文章，說那是因為韋格納提出的只是假說，他並沒有給出板塊漂移的地質學機制。但據娜歐蜜·歐蕾斯柯斯說，其實不是那樣的。仔細考察歷史會發現，韋格納給出的正是機制，他用的是演繹法。

當時不接受韋格納學說的主要是美國的地質學界。美國不接受的原因，就在於韋格納用的是演繹法。二十世紀的美國地質學界極其反感演繹法，因為他們認為演繹法不民主。

演繹法是——我掌握一個權威的科學理論，就可以從中推導出來各種結論，你們不服不行。這是不是有種霸氣的感覺呢？

當時歐洲科學家比較願意用這一套，但是美國科學家更喜歡講民主、多元、平等、開放頭腦。他們喜歡歸納法。美國地質學界訓練研究生時，教的都是這樣的研究方法：

第一，先觀察事實。

第二，提出不是一個，而是若干個假說。你必須平等地對待這些假說，就好像父親必須平等地對待自己的每個兒子一樣。

第三，採集新的事實例證，一個個地排除假說，最後剩下的就是你的理論。

歸納法的要點是從觀察到理論，而不是從理論到觀察。這幾乎成了美國地質學界的教條。可是韋格納的學說恰恰是先給你一個大假說，再去找各種證據證明這個假說，這就讓美國地質學界很反感。其實歐洲學界對韋格納還可以接受，但這個好理論還是被耽誤了。韋格納沒有看到自己的學說被主流接受的那一天，他在一九三〇年考察冰原時遇難身亡，年僅五十歲。

演繹法的確給人教條感，可是「反感演繹法」也是一種教條。這就是「不審勢即寬嚴皆誤」，科學研究沒有固定的方法，必須靈活運用才行。

那我們把演繹法和歸納法都拿來善用，是不是就能得出科學結論呢？也不一定。

優生學是科學嗎？

優生學現在是學術禁區。你要敢說能不能研究讓基因好的中國人多生育，基因差的少生，改造一下中華民族的人種，你立即就會被批評成「納粹」。但是請注意，納粹德國當年實行優生學可不是原創的，而是向美國學的。

優生學的思想非常直觀，是直接從達爾文進化論演繹出來的。生物的性狀可以遺傳，父母強強聯手生出的下一代也會比較優秀，這能有什麼問題？而且植物學家和動物學家一直在對豬牛羊等施行科學育種，非常成功，為什麼就不能對人也來個科學育種呢？

達爾文的表弟，法蘭西斯．高爾頓（Francis Galton）就推崇智力，希望用優生學提高一個民族的智力水準。不過，他被「回歸平均」的統計學現象所困擾，對優生的前景不是很看好，而且他一九一一年就去世了。

但優生學這個想法太有吸引力了，當時的美國總統老羅斯福（Theodore Roosevelt）尤其推崇。一九一〇年，美國成立了優生學紀錄辦公室。這個辦公室有個理想，認為對優生學不能光用演繹法，還需要用歸納法，要尋找實證的證據。

你當然不能拿人做實驗，但是你可以做田野調查。優生學紀錄辦公室雇用了兩百五十個調查員，花十幾年的時間挨家挨戶做調查。比如說，那些不是很聰明，或者情緒上很軟弱、自制力差的人，他們的下一代是不是也有同樣的問題呢？調查結果是肯定的，人的品性特質確實具有繼承性。

好，那既然演繹法和歸納法得出了同樣的結論，美國政府就行動了。二十世紀三〇年代，美國有三十二個州通過了絕育法，也就是強制那些被認為有問題的美國公民絕育。後來納粹德國學的就是美國這套，只不過比美國做得更極端。

那你說，難道優生學真是對的嗎？我們現在不推崇優生，只是因為倫理問題嗎？當然不是。

有演繹，有歸納，也不一定就是正確的科學結論。事實上，當時就有很多生物學家反對優生學。為什麼呢？因為家庭代際傳遞的不僅僅是基因，還傳遞了生長環境。比如說營養、教育、語言能力、文化、經濟條件等，所有因素都會影響孩子的成長。你怎麼知道到底是基因，還是這些環境因素導致孩子產生好的或者壞的特徵呢？

有生物學家說，頭髮和眼睛顏色，我們知道絕對是基因傳遞的，其他的我們不知道。智商和身高都與基因有關，但是也都與環境有關，我們不知道哪個因素影響更大。在這種情況下推崇優生必定對窮人非常不公平。當時很多生物學家是社會主義者，他們提出宣言，說實行優生學的前提是社會主義！我們先得實現絕對平等，讓每個婦女都有同樣優良的生育條件，再去觀察到底多少因素是基因決定的，才能判斷優生學到底有沒有用。

今天，優生學已經被所有國家都拋棄了。當然我們還能想到別的理由，比如說所謂的「好」和「壞」，都與具體的社會發展階段有關係。人本來就是多元的，你不應該像養動物那樣事先決定想要什麼樣的「性狀」。但是在我看來，當年那些社會主義者說得很有力量——我們其實沒研究明白，那就應該承認這一點，別亂動。

演繹法和歸納法都是重要的科學方法，但它們提供的只是解題思路。在這一章的三個故事裡，科學家們並沒有結成鐵板一塊，那些理論都不是科學共同體的共識，不能說是「當前科學理解」。科學就是這麼一門無比活躍的專業。當你聽說一個科學新聞的時候，你最好自己想一想。

問與答

讀者提問：

Q　萬老師，您說所謂的好或壞都和社會發展階段有關係，你不能事先決定要什麼「性狀」。我的疑問是，智商不是一直都是個好的性狀嗎？社會無論發展到什麼程度，這個性狀應該都是好的吧？

A 萬維鋼：

沒有好到形成擇偶優勢的程度。人類重視智力是教育和科技普及之後的事情，以前的人可能更重視體力。即便是現在，「智商」也不是擇偶的優先條件，人們更喜歡美貌、健壯、性情溫和，甚至勇敢好鬥的人。就算到了今天，智商與收入、與社會地位的相關性都不是很高，只是正相關而已。如果讓你定製一個孩子，你恐怕也會把性格優良和身體健壯排在智商之前。

事實上，如果你讓家長定製孩子的天賦，家長們會選得非常窄。優生學要是真有效，今天的中國人可能都是尖下巴大眼睛，叫子萱和欣怡，擅長數學和鋼琴，性情溫順，人生最重要的理想是孝順父母。

但是社會需要各種各樣的人。有很多工作不但不需要，而且最好不要高智商。有的工作就是需要性格比較怪的人去做。良好的社會需要多樣性。我們應該很慶幸優生學是無效的，每個孩子都是一個驚喜。

第 15 章

科學結論的程序正義

「舉例論證」不是科學方法。

科學方法講究資料，

常常需要「對照組」。

我們每天都會收到各種號稱是「科學」的資訊，好比宇宙深處發現了一個黑洞，某個科學家證明了一個猜想，新藥研發成功，吃什麼東西致癌，育兒專家提出了新的建議，諮商心理師講了個好故事。這一章我們說說如何評估這些論斷。我不是職業足球運動員，但是我能看懂足球，知道哪個動作犯規——你不必是一個領域的專家，也能明白專家們給的那些說法科學不科學、可信不可信。

你只要掌握「可信性」的門道就行。

數學，是絕對正確的。只要這篇論文能被同行評議審稿通過，在正規的學術期刊上發表，你就可以相信它。比如二〇二〇年中國科學技術大學的兩位數學家證明了兩個著名的微分幾何猜想[51]，文章已經發表在頂級期刊上了，那麼這件事立即是成為定局的。如果有誰想發獎金給這兩位數學家，馬上就可以發，完全不用擔心過段時間結果被人推翻。

這是因為數學不屬於真實世界。數學研究的是柏拉圖世界裡的事，只要邏輯正確就一定是正確的，而審稿人完全能保證論文的邏輯正確。

而物理學，因為研究的是真實世界，光邏輯正確就不夠了。

早在愛因斯坦還在世的時候，物理學家就已經透過理論計算推導出了「黑洞」這種東西。物理學家相信黑洞一定存在，霍金和潘羅斯（Roger Penrose）等人更是早就算好了黑洞的各種性質。但是直到二〇一九年，天文學家直接觀測到一個黑洞，還為這個黑洞拍了照片，才算是確定了黑洞的存在。到了這一步，諾貝爾獎委員會才敢頒獎給黑洞研究。潘羅斯因此拿到了二〇二〇年的諾貝爾物理學獎，而這時候霍金已經去世了。

物理學家對自己的理論是相當自信的。世界第一顆用在實戰中的原子彈是美國在日本廣島投下的「小男孩」。這是一顆鈾彈，用了五十公斤的鈾二三五，是世界上第一顆爆炸的鈾彈，也是第一顆組裝出來的原子彈。物理學家沒用鈾彈做過爆炸實驗，第一顆就直接扔廣島了，這是因為鈾彈的反應機制簡單，物理學家認為自己不可能算錯。投在長崎那顆代號為「胖子」的原子彈則是一顆鈽彈，用的是鈽二三九。濃縮鈽比濃縮鈾便宜很多，但是鈽彈更複雜，所以物理學家事先做過鈽彈的爆炸實驗。

這個道理是——理論的自信來自研究物件的簡單。物理學本質上是簡單的。每個地方的物理定律都是一樣的，所有同一類型的基本粒子都是完全相同的，每個電子並沒有自己的獨特個性。

物理學家在二十世紀六〇年代就預言了「希格斯玻色子」的存在，並於二〇一二年在大型強子對撞機上發現過一次希格斯玻色子的蹤跡。雖然這件事僅僅發生在法國和瑞士境內的一部儀器上，我們卻立即就可以宣布宇宙中遍布著希格斯玻色子。

化學、材料、工程、生物醫學這些領域研究的東西都比物理學複雜得多，以至於理論推導根本無法得出有效結論，必須做一下實驗才知道。而實驗都是有不確定性的。

我們都知道「實驗誤差」，但誤差只是說你測出來的數值準不準。誤差之外，你還可能把假的當成真的，也可能把真的當成假的，你需要知道實驗結論的「可信度」。可信度是個難以嚴格定義的東西，現在通用的標準是使用一個「P值」，代表「實驗結論純屬巧合」的可能性。這個P值愈小，我們就認為實驗結論愈「顯著」，約等於愈「可信」。[52]

我們大致可以把一減去P當作實驗結果的可信度。

發現希格斯玻色子的那個實驗，其P值小於〇．〇〇〇〇〇〇六，也就是結論的可信度大於九九．九九九九九四%。這麼高的可信度是物理學實驗的特色。如果你的研究涉及「人」，那P值能有〇．〇五通常就算達標了。

醫學、心理學、社會科學這些和普通人關係最密切的研究，恰恰是最不可信的。全世界的物理學都一樣，全世界的人可不一樣。這個藥好不好用？這個方法對人到底有什麼影響？與人的性別、年齡、營養情況、受教育程度、工作性質、文化習俗、經濟條件、環境氣候都有關係。對這種複雜的局面，我們需要強硬的證據，而證據是分等級的。

最弱的證據是「案例」。老王吃這個藥治好了病，阿里巴巴公司使用的是這種管理方法，那你能說這個藥和這種方法就是對的嗎？也許老王體質好，不吃藥也能自癒；也許阿里巴巴不用這種管理方法會更成功。「舉例論證」不是科學方法。

科學方法講究資料，常常需要「對照組」。最理想的方法，是所謂「大規模隨機雙盲對照實驗」。把比如說兩萬人隨機分成「實驗組」和「對照組」兩個組，實驗組用這個新藥，對照組用與新藥看起來一模一樣的安慰劑。因為分組是隨機的，而且人數眾多，我們可以認為兩組人除了吃的藥不一樣，其他各方面都完全一樣，這就保證了如果這兩組人的表現有任何顯著的差別，一定是這個藥導致的。得做一個這樣的實驗，發現實驗組的情況確實好於對照組，而且P值很小，才算證明了這個藥有效。

二〇二〇年新冠肺炎疫情，各國都在做疫苗。到十一月為止，中國的疫苗號稱有幾十萬人用過都沒出問題，可是國際上並沒有什麼反應；美國的兩支疫苗剛剛公布初步的結果，大眾就立即歡呼。這是為什麼呢？並不是人們歧視中國疫苗，而是中國疫苗還沒有經過大規模隨機實驗的考驗。中國把疫情控制得太好了，以至於中國境內幾乎沒有感染者。不打疫苗也不會感染新冠病毒，你就無法證明疫苗的有效性。所以中國必須去巴西和阿拉伯聯合大公國這種疫情肆虐的地方做隨機實驗，而實驗需要時間。對比之下，美國疫苗的實驗人數雖然只有幾萬，但是因為有真正的感染風險，得到的就是很強硬的證據。

大規模隨機雙盲對照實驗是醫學研究的黃金標準，但是這個黃金標準通常是難以達到的，而且就算達到了，有時候感覺上也是怪怪的。

我們看一個實戰例子。

世界最大的製藥公司是美國輝瑞（Pfizer）公司。輝瑞最暢銷的產品是一種降低膽固醇的藥物，叫「立普妥」（Lipitor）。立普妥的專利於二〇一一年過期，於是輝瑞斥資近十億美元開發了一種新藥「托徹普」（Torcetrapib）來接立普妥的班。因為需要證明托徹普的有效性和安全性，二〇〇六年，輝瑞展開了托徹普的最後一輪，也就是臨床三期實驗。實驗把一萬五千零三名病人隨機地分成兩組，實驗組用新藥托徹普，對照組用以前的立普妥。

輝瑞必須證明，第一，托徹普比立普妥的療效好；第二，托徹普的副作用不比立普妥嚴重。證明了這兩點，美國食品藥品監督管理局才能允許托徹普上市。

實驗進行了幾個月之後，出問題了。實驗組死了八十二個病人。

有病人死亡很正常。病人本來就是隨機招募的，其中包括很多老人、很多病情嚴重的人，死亡不見得是因為這個藥。這就是雙盲對照實驗的好處。關鍵是我們得看看對照組死了多少人。對照組只死了五十一個人。

八十二與五十一，輝瑞一看這個數字，就立即提前終止了實驗，宣布新藥失敗。為什麼呢？[53]

這個道理是這樣的。即便實驗組死的人數比對照組多，也有可能純粹是巧合，可是多到一定程度，就不算是巧合了。整個實驗開始之前，輝瑞對「因為副作用而死人」這件事設定的P值是〇．〇一，意思是「實驗組死的人更多並不能歸咎於藥物的副作用，而僅僅是因為巧合」的機率不能超過一％。現在死亡人數達到了八十二與五十一，「這件事純屬巧合」的可能性，已經是P等於〇．〇〇七，這個機率就太低了，過線了。輝瑞願賭服輸，只好終止實驗。

而事實上，哪怕實驗組只是少死兩個人，八十與五十一，那麼這個P值就是〇．〇一一，實驗就可以繼續進行下去。

最終，輝瑞不得不眼睜睜看著十億美元研發費用付諸流水，坐等立普妥專利過期，仿製藥上市，而且公司股票市值在實驗結果披露當天就減少了兩百一十億美元。

你看，這像不像考大學？成績只差兩分，結果有天壤之別。這就叫「程序正義」。

我們想要的是實質正義。我們想知道這個藥到底有沒有效，這個藥的副作用有多大。特別是你真正想知道的是這個藥對「你」這一個具體的人會有什麼效果，然而科學回答不了這樣的問題。也許新藥的療效比立普妥好得多，只是副作用有點大；也許新藥對大多數人是安全的，但這個問題更複雜，已經超出了實驗的可行性。幾萬人參與，十億美元的投入，最後也只能給你一個分數線式的答案。

普通人有時候會對科學有過高的期待，想要全部的事實。可是當你了解了科學這門專業的工作方式之後，你會意識到科學結論都是人做出來的。一個個具體的科學家，花費有限的精力，使用有限的資源，一點一點把有限的事實累積起來，最後只能給你一個可信度有限的答案。

而有時候科學的程序正義會明顯不同於實質正義。比如說，每個牙醫都會告訴你，在每天刷牙的基礎上，用牙線剔牙是個好習慣，可以減少牙周疾病，避免牙齦出血，讓你的牙齒更強壯。那麼用牙線到底科學嗎？答案是應該科學，但沒有大規模隨機實驗的證據。有人調查過幾十項有關使用牙線的研究，發現支持牙線的證據很弱。

可是你能說牙線沒用嗎？你不能。牙線的好處是個長期的效應，而現有的研究都只觀察了患者幾個月。那為什麼不做長期研究呢？因為不好做實驗。你不能逼著對照組的人長期不用牙線，而自願不用牙線的人可能根本不愛護牙，很難把他的牙齒不好歸因於他不愛用牙線。可是沒有實驗證據，就能說明這東西無效嗎？

「沒有證據表明這個東西有效」（Absence of evidence）不等於「有證據表明這個東西無效」（Evidence of absence）。

我建議你繼續堅持用牙線。如果什麼決定都依賴於程序正義，日子就沒法過了。

除了數學是純理論之外，任何科學結論要想被人正式接受，都必須既有理論機制，又有實驗證據，達到程序正義。然而程序正義不是白給的，是耗費人力、金錢、時間，一點一點做出來的，它就好像做工程一樣，有可行性的問題。

程序正義是有限的正義，科學知識是有限的認知。我們相信世界是講理的，但是我們必須對科學這門專業有合理的期待。

問與答

讀者提問：

關於「隨機雙盲對照實驗」，我有點不明白，對照的實驗組使用新藥，那對照組為什麼非要用安慰劑？不是說安慰劑僅是讓人心理上感覺服了藥，並沒有證據證明會對疾病有療效嗎？那為何不直接什麼藥都不服？這樣的話，服藥直接對比不服藥，對於新藥的實驗結果不是更接近真實嗎？

Q **讀者提問：**

萬老師之前也講過安慰劑效應，所以能不能說隨機雙盲實驗也不是完全準確的？

A **萬維鋼：**

「隨機雙盲對照實驗」的設計目標是製造一種近乎完美的局面：實驗組和對照組除了吃的藥不一樣，其他一切都一樣。唯有這樣，我們才能把任何療效都歸因於那個藥。如果實驗組使用新藥而對照組什麼都不用，實驗組的病人會因為知道自己服用了新藥而莫名增強了信心，而這恰恰就是安慰劑效應。所以給對照組服用安慰劑，是為了排除實驗組的安慰劑效應，是為了看看新藥的作用與安慰劑有什麼不同。

為了確保這一點，我們不但必須讓安慰劑的那個藥丸與新藥的藥丸一模一樣，以至於病人不知道自己吃的是新藥還是安慰劑，而且要讓接觸病人的醫護人員也不知道哪個病人吃的是哪個藥。否則醫護人員對新藥的主觀偏見，可能會讓他們區別對待兩組病人，而那種區別對待可能會對療效產生影響。這就叫「雙盲」。

從這個意義上來說，雙盲對照實驗並不是在測量這個藥相對於不吃藥、不治療的療效，而是相對於安慰劑，或者相對於市場上一種流行的常規藥物的療效。

雙盲對照實驗的目的不是測量這個藥「有沒有用」，而是驗證它是不是比對照組的治療方法更有用。

第 16 章

優秀表現需要綜合了解

大多數決策問題其實是資訊問題。

你猶豫不決是因為你沒有對這件事形成「綜合了解」。

在日常生活中，科學思維能派上什麼用場呢？

科學家追求的是一般規律，科學理論需要嚴格的檢驗，但我們解決自己個人的問題時就沒有那麼嚴格了，有時候是一種藝術，有時候純粹靠運氣，科學更多的是給我們一個提示，而這個提示往往能幫上我們的大忙。科學思考者在日常生活中，通常都是有主意、有辦法、有擔當的人。

這一章的主題是知識。日常問題往往不需要最尖端的科學知識，用不著「當前科學理解」，但是你常常需要做點功課。你需要對局面有一個全面、綜合、最好是代表主流水準的了解，我們簡單稱之為「綜合了解」。

想像這樣一個場景：你跟團旅遊，導遊把你們帶到了一個飯店吃飯。你們一邊吃，服務生一邊向你們推銷一種茶葉。你喝了一杯用它泡的茶，覺得很好喝，價格也能接受，而且有人在買，導遊還說「過了這個村，就沒有這個店了」。你想買，可是你很不喜歡這種被人安排的感覺。那你買還是不買呢？

做決策，要排除各種心理偏誤的影響，要理性客觀，要誠實面對大腦中各種聲音的衝突，所以你應該先冷靜兩分鐘，是嗎？

不是。正如大多數邏輯問題其實是語言問題，大多數決策問題其實是資訊問題。你猶豫不決是因為你沒有對這件事形成「綜合了解」。

旅行社和飯店的口碑、茶葉的一般價格等都可以輕易上網查到，你只要拿出手機，上網搜尋一下就能略知一二。了解這些資訊，特別是了解一般人買茶葉後有什麼評價，你就能做出很好的決策。

如果你感到自己正處在黑暗之中，你要做的不是猶豫，而是開燈。

在今天這個資訊時代，人們所能犯的最低級錯誤，就是沒有掌握關鍵資訊。老年人買不可靠的保健品，家長替孩子報名「量子波動速讀班」[54]，在旅遊景點誤入黑店，這些對科學思考者來說，都是根本不應該發生的事情。

可是在現實生活中，人們並沒有充分利用輕易就能取得的資訊。我看到一個新聞，說有個貪官被查辦了，當地民眾紛紛放鞭炮慶祝。報導裡寫這個貪官是當地一霸，生活極其奢侈，辦公室裡喝的水都泡著冬蟲夏草……我覺得這簡直是魔幻現實。如果那麼多人都知道他是個貪官，他為什麼還能長期在那當官呢？當然更不好理解的是，為什麼有人真的在吃冬蟲夏草？

這些事件提醒我們，想對一件事情形成綜合了解，要掌握三個方面的資訊和判斷：

第一，這件事一般都是怎麼行使的？

第二，在各種一般的做法之中，對你來說最正確的選項是什麼？

第三，為什麼有人堅持錯誤的選項呢？

取得資訊

人只有在做不熟悉的事情時才需要思考。一個好消息是，你不熟悉的事，可能是別人很熟悉的事。

選學校、買房、修車、看病、到政府部門辦手續、在陌生的城市找地方吃飯等，這些都是一般人不會經常做、但是每天都有無數人在做的事。對這樣的事，你沒必要重新發明輪子，應該直接上網搜尋相關的資訊。

有一個關鍵字叫「攻略」。冰島自由行攻略、土耳其簽證攻略、二〇二〇年深圳升學攻略，辦什麼事都有現成的攻略。這些文章幾乎都是各大社群的普通網友本著無私奉獻的精神寫的，詳細又有邏輯。而且，有些人實戰之後，遇到與攻略說得不一樣的地方，還會回來評論和更新一下。

別辜負這些熱心的人。在理想的資訊環境中，這件事只要有一個人辦過，就等於所有人都辦過；如果有十個人辦過，就等於所有人都熟悉它。如果你要買車，想知道品牌、型號、性能、外觀、評價、一般價位多少、在哪裡買服務更好，你在第一次試駕之前就應該完全掌握。如果你要看病，這個症狀大約是什麼病、大概會怎麼治療、最可能用到什麼藥、去哪家醫院看比較好、醫生的口碑如何等等，你是可以事先知道的。

美軍有一句格言：「如果你發現你在打一場公平的戰鬥，那你就是沒有做好任務計畫。」[55]對於那些很多人都在做的事，如果你到現場才糾結於關鍵決策，那你就是沒做好功課。充分的調查研究能讓你樹立「主流」的意識，你做什麼都應該是「這個我很熟，這是我主場」的樣子。

當然調查或研究不見得都在網路上，打電話問朋友、託關係、找專家，有時候也是必要的。我覺得應該開發一個AI助理，就叫「網上怎麼說」。要辨什麼事情直接問它，它會綜合網路上各方意見，給你提供一個主流方案。

不過，主流方案不一定就是正確的方案，你有時候需要了解高於一般水準的資訊。

形成判斷

科學思考者不能做每件事都與一般人一樣。一般人的做法有時候是錯誤的做法，只有高水準的資訊才能讓你做出正確判斷。

最高級的資訊是「當前科學理解」。有些爭議話題涉及科學知識，你可能真的必須去查一查最新的論文才知道。

你還可以查閱政府和學術機構的官方網站。美國政府的一些部門、美國癌症學會之類的機構會把一些常用科學資訊放在網站上，中國在這方面做得還不夠好，所以你最好熟練地掌握英文。

此外是看主流媒體。對於社會熱議的問題，主流媒體通常會及時進行分析報導。

再者，你還可以在一些開放式的網路社群進行查詢。很多人說網路上的資訊都是垃圾，那是他們去的地方不對。好的網路社群應該像科學家社群一樣，開放式討論，重視個人聲望，允許隨意批評。我看到的局面是，論壇對大多數問題都能形成一致意見，很多科普文章的水準相當高。

當然，你要熟練地掌握一點調查功夫。Google 研究員丹尼爾・羅素（Daniel Russell）有一本書叫《搜尋的喜悅》（*The Joy of Search: A Google Insider's Guide to Going Beyond the Basics*）[56]，裡面介紹的高水準研究能讓你收穫很多東西。

比如說「冬蟲夏草」。如果你平時科學意識就比較強，你可能根本就不需要調查。「食療」、「滋補」這些東西根本就不科學，都是老一輩的錯誤認識。如果你想認真一番，直接上 Google 搜尋「冬蟲夏草」，第一頁就會告訴你這些資訊：

第一，它賣得很貴。

第二，有假貨，容易導致重金屬中毒。

第三，它被認為是一種中藥。

第四，它可能沒有真實效用。

你發現最後一點似乎有爭議，因為也有些網站鼓吹冬蟲夏草的好處。這個時候，你要關心的是資料的來源。好比有一個叫「香哈」的網站列舉了冬蟲夏草的種種功效，包括補腎益精、止血化痰、補虛……一直到抑癌抗癌、美容養顏等，一共十二項功能，簡直就是神藥。

然而，湖北省衛生健康委員會說「秋季進補，冬蟲夏草不可亂吃」；新華網與中國科學技術協會合作的「科普中國」專案明確說冬蟲夏草不但沒有神奇作用，還對身體有害；財新網有篇文章直接就叫《起底冬蟲夏草：一個「中國式」大騙局的始終》；知乎上有好幾篇科普文章，都說冬蟲夏草無益有害，有的甚至引用了學術論文。

香哈是個食譜網，它代表普通人的認識。衛生健康委員會是從普通人的認識出發，稍微往科學搆上一點邊。直接從科學角度談論冬蟲夏草的，沒有一個說它有什麼真好處。事實是，科學共同體對冬蟲夏草的「功效」沒有什麼強烈爭議——大家公認它不但沒功效，而且很可能對人體有害。

有時網路並不是一個是非不分、黑白不明的地方。

而這就引出了一個問題：如果冬蟲夏草真的沒用，為什麼還有那麼多人趨之若鶩呢？

「不充分均衡」

簡單的原因是高級知識和普通人之間有隔閡。這個時代的資訊很發達，但的確也有很多人不會調查研究也能當大官。不過，如果僅僅是需要科普的問題，現代人受教育程度愈來愈高，上當受騙的人應該愈來愈少，冬蟲夏草應該愈來愈便宜才對啊，為什麼還變貴了呢？不把這個問題想清楚，你還不能算是個真的明白人。

決策理論和電腦科學家伊利澤．尤考斯基（Eliezer Yudkowsky）在《不充分均衡》（*Inadequate Equilibria: Where and How Civilizations Get Stuck*）[57]這本書中有個關鍵思想，叫「兩因素系統」。世界上之所以有那麼多不合理的現象和事物能夠長期存在，是因為它們是兩因素系統。

比如冬蟲夏草，你知道它沒用，這只是一個因素，還不足以讓你徹底不買它。更有一個因素是「很多人認為它很值錢」。

比特幣值錢並不是因為它有用，茅臺酒那麼貴並不僅僅是因為它好喝。很多人買冬蟲夏草並不是為了自己吃，而是作為一個貴重禮品送人。人們不一定認同它的功效，但是認同它的價格，這就是一個兩因素系統的均衡。

要想打破這個均衡，只對少數人科普是不夠的。社會習俗必須把「冬蟲夏草沒用」變成一個公共知識，以至於送冬蟲夏草就等於是對智商的侮辱才行。

正是因為有這些不合理而又均衡的系統存在，我們才更需要去思考。把這些系統性的原理也想清楚，才算達成「綜合了解」。

如果做事總能先做到綜合了解，那是一種什麼狀態呢？你只要看看那些名校的優秀大學生就知道了，優秀學生做事總是選擇最優路線。

他們在報考大學之前，就會把自己感興趣專業的畢業生去向、畢業後的收入水準調查清楚；他們在選課之前，就清楚地知道這門課能給成績單帶來什麼、授課老師是否容易給高分；他們在考試之前不但知道考試範圍，而且可能已經用上屆學生的考卷做過練習。他們在找工作之前，會對公司、行業進行充分的調查研究；他們在面試之前，會練習面試題型，甚至會為了在談話中表現出自己讀過一本書，而閱讀那本書的書評。

他們做什麼都會先研究攻略，所以任何事都能做到主流水準。

可怕嗎？不可怕……其實有點可憐。中國管這叫「精緻的利己主義者」，耶魯大學教授威廉．德雷西維茲（William Deresiewicz）把這叫「優秀的綿羊」[58]。如果做什麼都找攻略，你還有自我嗎？大家都走主流路線，這條路還值得走嗎？

主流路線最大的問題是不冒險。有時候不調查，直接去，就當作一場冒險，反而更有意思；有時候故意不按攻略行事，才能發現更好的機會。但是「綜合了解」給你提供了底線——「優秀的綿羊」固然不好聽，可起碼是優秀的。

問與答

Q **讀者提問：**

萬老師，我上網搜尋西洋參到底是否有功效。要不就是各個中醫或養生人士說有效果，要不就看到網路社群上不同意見的人在吵架，一直沒有找到能讓我信服的資訊或結論。看來我的研究能力還有待提高。請問，如果你來搜尋研究，你會從哪裡下手呢？西洋參到底有沒有功效呢？

A 萬維鋼：

我說說我的思路。在遇到你這個問題之前，我從來沒調查過西洋參的事情，對西洋參既沒有特別的好感，也沒有任何偏見。

在展開搜尋之前，我有一點基於常識的判斷。

第一，它是一種非常常見的營養品，已經在市面上流傳了很多年，不是某個公司專有的產品。這說明它應該沒有毒，不是剛炒作出來的概念，不是一個騙局。

第二，我印象中只有中國人對西洋參感興趣，從來沒聽說過美國人談這個東西。這說明它不可能有什麼真正神奇的功效。

第三，我只聽說西洋參是個補品，但是沒聽說過它到底「補」的是什麼，所以它應該連基本的專門功效都很弱。

但這些只是我個人非常有限的認識，我對此必須有一個謙虛的態度才行，因為我平時對補品完全沒興趣，我的認識不算數。接著展開研究。

中文搜尋確實沒有立即帶來什麼有價值的資訊。搜尋「西洋參功效」，Google 首頁第一篇文章來自「人民網」，而人民網是轉載的「養生之道」網的文章。文中列舉了大量功效，不過完全沒有什麼研究證據。其他中文網站大都也是如此。考慮到中文網站對這些「補品」一貫的鼓吹作風，我決定不採信這些說法。

但首頁有一篇來自「美國攻略」網的文章[59]引起了我的注意，是一個叫 DerekYang 的人翻譯美國國家衛生研究院關於西洋參的綜述文章。英文原文來自 MedlinePlus 網站[60]，這是一個權威資訊來源，提供了關於各種健康話題、藥物、補品、醫學研究的說法，都是基於正規研究的結果。這篇文章的英文原文引用了十篇論文，而且顯示最後一次評估是在二〇二〇年四月九日，可以說價值很高。

Derek Yang 介紹，有個「自然藥物綜合數據庫」，根據現代醫學證據，把醫藥的功效分成了七個等級：

一、有效
二、很可能有效
三、可能有效
四、可能無效
五、很可能無效
六、無效
七、沒有足夠證據評價

而 MedlinePlus 那篇文章對西洋參幾個功效的評價是這樣的：

第一，對糖尿病和呼吸道感染，可能有效。有實驗證據表明，飯前服用三克西洋參，可以降低第二型糖尿病患者餐後的血糖；流感季時，每天服用一點西洋參或者用西洋參提取物製作的膠囊，可以幫助十八到六十五歲的人群預防流感。

第二，對於提高運動表現，無效。

第三，對於其他作用，統統都證據不足。

同一篇文章還列舉了西洋參種種可能的副作用和安全性評估。基本上來說，它是一個比較安全的東西，但是因為它降血糖，針對特定的人群還是需要注意的。

本來以為找到這篇文章就差不多了，不過既然已經開始搜尋，我就多看了一些。MedlinePlus 那篇文章引用的最新的論文也是二〇一三年的，那麼這麼多年過去了，有沒有什麼新的發現呢？

我找到一篇二〇一九年的論文[61]。這是一篇綜述論文，也就是科學研究級別的綜合研究，是透過對相關研究的考察，全面評估西洋參的各種療效。這樣的論文只要能發表出來，通常可以認定為代表當前科學理解。而令我驚訝的是，這篇論文對西洋參的評價相當正面。

論文說西洋參對神經系統有保護作用，實驗中至少改善了小老鼠的阿茲海默症，對某些中風和心力衰竭症狀有好處，具有抗糖尿病和抗肥胖的潛力，對某些致病菌株有抗菌作用，甚至還顯示出一定的抗癌作用。不過，文章強調，這些研究都非常初步，所用的實驗樣本數都很小，需要進一步探索。

我還看到一篇二〇一〇年的論文[62]，說西洋參有增強神經認知功能的作用，可以增強短期工作記憶，而且是使用雙盲隨機實驗證明的。但是請注意，這項研究的樣本只有三十二個人。

還有一篇二〇一四年的論文[63]，也是使用小規模的雙盲隨機實驗（樣本數是實驗組三十五人，控制組三十九人），認為長期服用西洋參提取物是安全的，不過它所謂的長期，只有十二週。

那麼根據這些說法，我認為西洋參是安全的、無毒的，而且可能具有一定的好處。你很難精確地知道那些好處有多大，而且要實現像降血糖這樣的功效，已經有非常成熟的藥物了，所以我並不認為應該推薦大家都去服用西洋參，但是我們確實也沒有理由反對服用西洋參。

這次搜尋對我的教訓是，還是要保持一種開放的態度。西洋參這種東西已經流行了這麼多年，也沒成為什麼主流療法，我本來以為可以認為它沒用了，沒想到真可能有一定的作用。這也告訴我們醫學研究之中真是有大量的事情可以做。

Q **讀者提問：**

在這個不確定性愈來愈強、問出好問題似乎比給出好答案更難的時代，用什麼樣的策略才有可能作為一個冒險者或提問者，從人群中突圍？

A **萬維鋼：**

一個好辦法是率先嘗試新東西，然後寫下你的評價。就好比我在西洋參的調查中顯示出來的一樣，現在是問題遠比做研究的人多。做研究最重要的戰略選擇，就是一定要去一個非常活躍而又非常不成熟的領域。

比如說電動車剛出來的時候，你買一輛，開一開，寫一篇評價發布到網路上，必定有無數人感興趣。而現在電動車是怎麼回事，大家都知道得差不多了，你再去研究，意思就不大。

選擇旅遊目的地時，挑一個新開發的景點；家門口新開一家餐館，你先去嘗嘗；有個電影要上映了，你能否弄到搶先放映的票；有個遊戲在封測，你是否參與一下；讀書的話，要讀新書。

做這些事情，你自己獲得了探索的樂趣，在社群網站收穫了聲望，而且你為那些新產品做出了貢獻。

第 17 章

生活中的觀察和假設

真正善於破案的人絕對不是遇到案件了才琢磨，
而是平時就愛琢磨。

科學思考者遇到事，不能只知道上網找攻略，在日常生活中，總會發現和需要解決一些沒有人解決過的問題。可能你有一個小麻煩，聽起來很平淡，可是偏偏不像是經常發生的事。你已經做過功課，甚至還問了專家，可是似乎沒人知道該怎麼解決。

科學思考者面對這樣的情況應該感到興奮，這是生活對你的挑戰，這是使用科學方法的好時候。科學方法不是科學家專用的方法，而是人探索世界最自然的方法。

我舉個最簡單的例子。

有一陣子，我在書房工作的時候會聽到一個短促而持續「啪啪啪啪、啪啪啪啪」的雜訊，好像是什麼東西在拍打什麼東西。聲音並不大，我就沒當一回事。但是有一天，那個聲音突然變得非常響，我一看，外面在刮大風，心想，是不是外牆上有個什麼東西被風吹呢？出門一瞧，原來是牆上一個小電器接線盒的門沒關好。我用膠布把門黏回去，雜訊就沒有了。

每個人一定都有過這樣的經歷，而其實我已經使用了科學方法。我觀察到一個現象，提出一個假設，驗證那個假設。觀察，假設，驗證，這就是最基本的科學方法。

我們相信世界是講理的。這個信念落實到日常生活中，就是各種問題的背後應該都有原因。我們是得承認有些事情確實，或者幾乎是「隨機事件」，比如彩券、癌症、各種偶然的日常小驚喜和小麻煩。接受隨機性有利於你的身心健康，改變不了的，沒必要強行改變。但有很多問題不是隨機，而是可以改變的。

房子不會無緣無故地發出怪聲，健康的人不會動不動就感到不舒服，領導者不會隨機地對你發火。科學思考者應該主動識別和解決這些問題。

有一位加拿大的華裔科學家叫麥當強，專門寫了本書[64]，列舉各種在生活中使用科學方法的故事。我不知道他是怎麼搜集到那麼多故事，但是據他說都是真的。這些故事的主人公只想解決問題，不需要嚴謹的論證，這比科學家寫論文容易多了，而你只需從中獲得啟發。

這些故事說的都是觀察、假設和驗證。

打嗝事件

雷蒙德是個大學生。過去的這兩個星期，他每天都會打幾個嗝。這不是什麼大問題，雷蒙德沒在意。雷蒙德的大姐戴安娜是個碩士生，這幾天正好過來看他。戴安娜注意到了雷蒙德打嗝。

姐弟倆在一起住了三天後，戴安娜建議雷蒙德少吃橘子。雷蒙德立即意識到大姐可能是對的。

雷蒙德本來每天吃一個橘子。有一天他不知在哪兒讀到，一個橘子大約能提供五十毫克維生素C，而人體每天應該攝取一百毫克維生素C，於是他就改成了每天吃兩個。他好像就是從每天吃兩個橘子開始打嗝的。

大姐說，橘子裡有大量的柑橘酸，雷蒙德打嗝，可能是因為他的胃承受不了這麼多酸性物質。雷蒙德於是改回每天只吃一個橘子，過了幾天就停止打嗝了。

戴安娜表現出了觀察能力。雷蒙德並沒有告訴她，但是她注意到了打嗝這個現象。然後她看到雷蒙德每天都吃橘子，便據此提出了一個猜想，結果證明她的猜想是對的。

觀察是一種主動行為。我們不可能對所有細節都在意，但是你得對不尋常的事情非常敏感，才能抓住問題。然後你還得有一個思維模型，也就是必須理解事物的「門道」，例如打嗝可能與食物有關，想想他吃了什麼特別的東西呢？橘子！於是才能抓住關鍵資訊，提出良好的假設。

皮疹事件

有個澳門女孩叫瑪麗，從小跟著奶奶長大。從十幾歲開始，瑪麗就渾身長皮疹，並不是很痛很癢，但是長在皮膚上很難看，讓她不敢穿裙子。奶奶領著她看了好多醫生，西醫、中醫，包括民間偏方都用上了，也不管用。

高中畢業後，瑪麗前往英國留學，結果她的皮疹不治而癒，在英國兩年都沒有發作過。後來瑪麗回到澳門繼續同奶奶住，沒待多久，皮疹居然又出來了，只不過這一次不像以前那麼嚴重。有個朋友分析說，是不是澳門的水不行？英國的水質可能更好，所以使人不出皮疹？瑪麗心想，不至於吧。

有一天，瑪麗突然意識到，奶奶家的洗衣機是新買的。瑪麗想，現在皮疹不像以前那麼嚴重，是不是因為新洗衣機洗得更乾淨呢？她可能是對洗衣粉過敏！於是瑪麗後來洗衣服都改成漂洗兩遍，果然就不再出皮疹了。

瑪麗這個思維是不是很有科學研究的味道？如果一切條件都不變，你很難看出來哪裡是關鍵。觀察的重點必須看那些「變數」。別的都沒變，只有這個因素變了，那麼新現象很有可能就是這個因素導致的。

野貓事件

所謂「假設」，就是猜想事物發生的原因或原理。科學家提出的假設都是關心普遍的規律，而我們在生活中可以只對一件事提出假設，要做的只是猜測一個「為什麼」。

一對夫婦新買了房子，高高興興地搬了進來。這是一棟舊房子，但是很漂亮，有個後院，還種著很多花。有一天，妻子在廚房偶然看到後院裡來了一隻貓，就站在那裡透過玻璃門盯著她看。這個妻子天生怕貓。她很緊張，不過好在貓看了一會兒，自己就走了。可是接下來，妻子發現每天都有貓來她家後院，而且來的還不是同一只貓，有時候是幾隻一起來。

妻子一看這可不行，就與丈夫商量怎麼辦。直觀的辦法是把後院的木柵欄加高加密，可是那樣得花好幾千美元，太貴了。夫妻倆沒有什麼好辦法。

然後妻子突然想到，他們當初來看房的時候，好像見到前任屋主有一隻貓。兩人就分析，後院那些貓是不是來找以前那隻貓玩的呢？如果是這樣的話，那只貓已經搬走了，它們找一段時間找不到，應該就不會再來了。

於是兩人決定先等等看。結果幾個星期之後，貓果然不來了。

點菜事件

有時候，你可能需要一個比較複雜的假設。

一家四口去餐館吃飯。他們先點了一個四人套餐，但還想再加一道菜。妻子詢問女服務生哪道菜最好吃。女服務生推薦了一道魚，說她上週與自己的丈夫還專門來吃這道魚，非常滿意。於是妻子就加點了這道魚。

沒想到魚上來了，感覺並不好吃，火候明顯過了。按理說，服務生不至於騙他們啊，那這是怎麼回事呢？丈夫提出了一個假說。

丈夫說，這個餐館規模小，估計只有兩名廚師。我們設想其中一名手藝很好，是主廚；另一名可能手藝平庸。而套餐，我們知道都是一些標準化、較便宜的菜，所以按理來說，應該會交給手藝平庸的那名廚師做。高級的菜則交給主廚。可是我們點菜時把那道高級的魚和套餐點在一起，照廚房的操作流程，可能會把這些菜都交給一名廚師，也就是專門做套餐、手藝平庸的那名廚師去做。這名廚師平時不怎麼料理魚，你現在讓他做，他一定做不好。

這是一個很大膽的假設，但也是聽起來很合理的解釋。

過了幾週，這家人又到這個餐館吃飯。他們還是點一個四人套餐再加一道菜，這回加的是龍蝦。丈夫記著上次的教訓，說這回我們別一起點。他們先點了套餐，五分鐘之後又把服務生叫來，單獨點了龍蝦。結果這次的龍蝦做得很成功。

這就是科學思維的好處。其實你不用費什麼事，你要做的僅僅是分開點菜。這是個簡單的操作，但是展現了一個洞見。你們這道菜沒做好，但是我相信你們不應該是這個水準，於是我查找我的點菜流程有什麼特別的地方，並提出了一個猜想，再給你們一個機會。對比之下，如果因為一道菜不滿意就放棄一個餐館，那就太不科學了。

水槍事件

麥當強本人遇到過這樣一件事。有一年他們一家人去香港旅遊，到一個遊樂場玩。遊樂場裡有個噴水比賽，參賽者各自拿一把水槍向自己前方的一個小丑嘴裡噴水，水會流過一根水管托起一個小球，誰的小球最先升到頂端，誰就能得獎。

麥當強注意到，似乎總是最左邊的人贏。他設想水必定是從左往右進來的，最左邊的水槍一定水壓最高。他們當時沒玩這個遊戲，但是麥當強印象很深。

一年後，一家人在加拿大的一個遊樂場又遇到了這個遊戲。這回的獎品是個絨毛龍蝦玩具，麥當強的兒子志在必得。麥當強告訴兒子選最左邊的水槍，不料兒子居然輸了。麥當強說先別急，我再觀察看看。

看了幾局之後，麥當強發現這一次是中間的人總贏。原來這個遊樂場是十九把水槍一起比賽，比香港的規模大得多，水從中間往兩邊走才能更快。他讓兒子進去搶中間的位置，果然贏了好幾次。

這些故事的道理是，生活中的事都有門道。比如水槍這個例子，那麼多人玩，怎麼別人就沒注意到呢？可能一方面是大多數人只玩一次，另一方面是涉及的利益太小了。

普通人並沒有太強烈的觀察生活的意識。可能多數人打嗝也就打嗝了，不會去想是什麼原因；長皮疹那麼多方法都治不好，也就放棄了；遇到貓可能會過度反應；到餐館遇到一道菜沒做好，也就抱怨幾句了事……

然而，解決問題的線索就在你身邊。我們看那些犯罪劇的時候應該想想，如果不是因為發生了大案件，那些人也許永遠都不知道身邊還發生過那麼多事情。真正善於破案的人絕對不是遇到案件了才琢磨，而是平時就愛琢磨：像書中的偵探福爾摩斯那樣，能從平常的蛛絲馬跡之中分析出東西來。

這種能力需要你平時就了解生活中的各種東西都是怎麼運行的。你起碼得知道餐館有不止一個廚師，而且廚師有正有副。而這些知識，恰恰也是平時透過思考得來的。

每個家長都鼓勵孩子問為什麼，但該問為什麼的不僅僅是「天空為什麼是藍的」那種科學知識，更應該是身邊的各種東西。科學思考者絕對不能當書呆子，你必須積極探索真實的生活才行。

問與答

Q　讀者提問：

萬老師，有很多蛛絲馬跡我們是再也沒有機會驗證假設的，那該如何判斷和避免過度解讀呢？

Q　讀者提問：

如果把身邊每件不太尋常的事都分析一遍，人的精力是否會不夠？人應該怎樣在「科學思考」與「視而不見」之間平衡？

A　萬維鋼：

生活中有些事是必須做的，有些事是必須不做的，有些事是可以做的，而觀察和假設就是「可以做的」。我們提倡平時多觀察，多思考，多驗證，多做實驗，但是大部分人根本不思考，日子過得也不錯，所以，這些都不是必須的。我們借用前一章說的那個藥物功效的分級系統來說，科學思考對改善生活的作用只能算第三級——可能有效。

除了像治病之類的重大決策之外，科學思考在生活中的最大價值是「有意思」。我們覺得把一些事情想清楚很好玩，這就好像下棋一樣。我最近突然對西洋棋產生了興趣，每天都要下幾盤，有時候明知道時間不夠也忍不住。所以，你應該把科學思考當作一個愛好，這樣就不存在精力夠不夠的問題了。

另外，科學思考恰恰要避免過度解讀。比如你聽到一個傳聞，或者你覺得你們單位的主管似乎最近總是找碴、整你，這時候你應該怎麼辦呢？第二十章我們會講到「溯因推理」（Abductive reasoning）的問題，說說如何讓解讀保持在最合理的範圍內。

科學思考，也包括「科學不思考」。

第 18 章

拒絕現狀，大膽實驗

一次成功可能是偶然的，

科學的精神是重複多次有效才是真有效。

作為科學思考者，我們對待生活的態度必定是積極主動，而不是消極被動；要去探索和發現，而不是等待和抱怨；要敢於創新，而不能循規蹈矩。

做實驗，就是一種更主動的科學方法，而且是一種非常強硬的生活態度。這個態度就是不接受現狀。

哪怕我這個現狀還過得去，並不讓人難受，甚至可以說還不錯的，我也不接受。哪怕大家都是這樣，別人都說你也只能這樣，我也不接受。我非得自己折騰一番，看看這件事能不能更好。得有點這樣的精神才行。

我自己的實驗精神很不足。我熬夜時偶爾喜歡吃泡麵，泡麵本身並非不科學的食物，我也對泡麵沒什麼偏見，但我以前的吃法很不科學，意思是我不知道泡麵也得講火候。

我以前是泡了就不管了，端看什麼時候想起來，估計泡好了就吃……而我從來沒抱怨過泡麵的口感。直到今年，我才意識到每種泡麵都有一個最佳的時間點，泡過頭就不好吃了，而且包裝上的建議時間對我來說並不是最優的。後來我做了實驗，倒上開水馬上計時，找到了最佳掀蓋時間，口感更上一層，我的生活品質就因為實驗而提高了一點點。

在生活中做實驗，最大的難點不是實驗的過程，而是你有沒有這個意願。人太容易接受現狀了，做實驗很多時候都是被逼出來的。

做實驗的第一個目的是尋找解法。「呆伯特」（*Dilbert*）系列漫畫的作者史考特·亞當斯（Scott Adams）曾經有過一段離奇的經歷。[65]

當時亞當斯還沒成名，有一份全職工作，只在業餘時間畫「呆伯特」漫畫，非常辛苦。他每天淩晨四點就起床開始畫，然後去上班，下班之後接著畫一整晚。突然有一天，他畫畫的右手小指發生痙攣。只要他一畫畫，小指就會不停地抖動，根本沒辦法畫。

亞當斯趕緊去看醫生，正好他住的地方附近就有個醫生，是全世界研究這個症狀的權威。原來亞當斯得了一個不算太罕見的病，叫「局部性肌張力障礙」。這個病通常都是因為長時間做重複動作引起的，常見於音樂家、手藝人和畫家。而醫生告訴亞當斯，這個病沒有辦法治療。

亞當斯當然不服氣，這個醫生也很有探索精神，兩人嘗試了各種療法。手指按摩、做手部鍛鍊、冥想、自我催眠，甚至連對手指進行電擊刺激的方法都用了，但毫無效果。亞當斯還試過把小指綁起來，結果痙攣發作起來非常疼，而且整隻手會一起抖動。亞當斯想訓練用左手畫畫，可是左手畢竟不是他的主控手，他怎麼也畫不好。

最後醫生放棄了，說你換個愛好吧，你的畫畫生涯結束了。

而亞當斯拒絕放棄，他觀察到他這個痙攣症狀有一些有意思的特點，一個是只要不畫畫，不管做其他什麼事情，他的手指都完全沒問題。只是一拿起紙和筆，手指就開始痙攣。再者，當亞當斯用左手畫畫的時候，他的右手小指也會痙攣。那麼據此判斷，這個病應該不是手的問題，而是大腦的問題。不知道出於何種原因，大腦不想讓他畫畫。

既然手本身沒問題，這個病似乎就還有救。亞當斯開始嘗試讓大腦重新適應紙和筆。這回他不畫畫，只是練習用右手去摸紙筆。

剛開始，亞當斯的手只要一摸到紙筆就開始痙攣。透過一段時間的練習，他能夠做到讓手指在一秒鐘內不抖動。他一看有希望就繼續練，練到能堅持幾秒鐘不抖動。突然有一天，他的大腦好像想通了一樣，不痙攣了，允許他用紙和筆了。

亞當斯可能是全世界第一個治好局部性肌張力障礙的人。

過了十來年，二〇〇四年的時候，亞當斯因為畫得太多導致手指再次出現痙攣。這一次他想了一個辦法，說能不能用電腦代替紙筆來畫。當時還沒有平板這種東西，但是有個叫Wacom的公司已經做出了一套專業的電腦繪畫系統。亞當斯用上這套系統之後，手指再也沒有發生過痙攣。

亞當斯的做法是典型的科學方法。觀察、假設、實驗，不行再提出新的假設、再實驗，直到問題解決為止。

做實驗的第二個目的是測定參數。有時候不是你的方法不對，而是你用的數值不對。

第十六章提過的電腦科學家尤考斯基，曾經受到頭皮屑過多的困擾。醫生說是溼疹引起的，可是開了藥並不管用。本來尤考斯基已經放棄了，後來有一次他嘗試「生酮飲食」（Ketogenic diet）這種低碳水、高脂肪、據說能減肥的一種飲食方法時，意外發現頭皮屑突然暴增。於是他想到，如果飲食結構的改變能讓頭皮屑暴增，這裡面一定有個什麼基本的機制。他根據這個線索上網搜尋，得知頭皮屑可能是真菌引起的，因為真菌喜歡生酮。網路上還說用含唑（Azole）的洗髮精洗頭可以殺死真菌。

尤考斯基用了含唑的洗髮精，可效果不是很理想。但是他沒有立即放棄。是不是洗髮精裡的唑濃度不夠呢？他又找到一種泰國的洗髮精，唑濃度是美國普通洗髮精的兩倍……

結果這個管用，頭皮屑治好了。[66]

這就是參數的重要性，如果療效不明顯，可能是因為你的劑量不夠猛。而測量參數比較麻煩，你可能得做很多次實驗才行，而且需要一邊實驗一邊分析。

上一章提到的那位加拿大科學家麥當強講過一個關於做實驗的有趣案例。[67]有個叫查理斯的加拿大華裔，每年都會回香港同母親小住一段時間。他母親有個保母，非常善於料理清蒸魚。清蒸魚這道菜很講究火候，而保母已經掌握了最佳作法。她每次都是買一條一斤大小的魚，蒸正好六分鐘。

查理斯回到加拿大，也想做清蒸魚吃，可是現在參數都變了。加拿大的魚比較大，一條將近一斤半，而且爐灶也與香港的不一樣，查理斯必須重新測定最佳的蒸魚時間。經過反覆對比，他發現九分鐘是正好把魚蒸熟的時間。

可是查理斯蒸出來的魚怎麼也不如香港保母蒸的魚好吃，主要是肉質太硬。查理斯發現少蒸一會兒能讓肉軟一點，但是時間短了肉又不熟。這可怎麼辦呢？

查理斯觀察到，他每次蒸完魚，那個放魚的盤子裡都有大量的水，這是香港保母蒸魚時所沒有的現象。這些水是從哪來的呢？難道都是水蒸氣遇到鍋蓋冷凝出來的嗎？

於是他做了個實驗，不放魚，只蒸盤子，結果九分鐘後，盤子裡只有一毫升的水，而蒸魚的時候盤子裡會有五十毫升的水。由此可見，盤子裡的水顯然不是來自水蒸氣，而是魚肉裡自帶的。肉質偏硬的原因找到了，一定是肉纖維在受熱的情況下收縮，自己擠出了水分，導致魚愈蒸愈硬。那麼解決思路就是必須減少蒸魚的時間，而這就意味著必須加大火候，讓魚肉快點熟。

查理斯想辦法加大蒸鍋的火力，改成蒸八分鐘，魚肉果然沒那麼硬了。

你要是沒專門學過烹飪，可能一輩子都不明白這個道理。要想讓肉質鮮嫩多汁，就必須用猛火，讓它在水分被擠出來之前就熟。這就是為什麼烤肉好吃，也是為什麼我們愛吃炒菜。我們炒菜的步驟是先把鍋預熱，放油，再加入蔥薑蒜，等到炒出香味，證明油溫已經足夠高了，才把菜放進去，稍微炒一下就可以吃了。

查理斯沒學過烹飪，但是他用實驗方法找到了蒸魚的最佳作法。

實驗的第三個目的是進行重複驗證。一次成功可能是偶然的，科學的精神是重複多次有效才是真有效。

彼得·戴曼迪斯（Peter H. Diamandis）和史蒂芬·科特勒（Steven Kotler）的《未來比你想的快》（*The Future is Faster than You Think: How Converging Technologies are Disrupting Business, Industries, and Our Lives*）[68]那本書中，提到現在有一種叫「經顱直流電刺激術」（Transcranial Direct Current Stimulation，簡稱tDCS）的方法，據說能提高大腦的專注度和反應速度，還能改善情緒。後來我發現已經有成型的產品在賣了，就買了一個。[69]

這是一個可攜式、可充電的設備，好像眼鏡一樣，只不過是戴在髮際線的位置上。儀器有兩塊海綿，把海綿浸入鹽水，直接貼在腦門上。開機之後，儀器會產生一·二毫安培的微弱電流，透過鹽水直接刺激頭部。

我第一次嘗試時，沒感覺到產生什麼專注的效果，但是有一種莫名的興奮和愉悅感，有點像喝了酒一樣，看周圍的什麼東西都覺得滿好。我心想，就算不能提升腦力，能產生這個感覺也很好。但我不能確定這是不是安慰劑效應，到底是儀器真的在影響我的大腦？還是我因為在嘗試一個新事物而產生的新鮮感？

查看網路上的消費者評論，有的說有效，有的說無效。我妻子拒絕使用這種東西，我兒子用了一會兒，感到不舒服不用了，我女兒太小。我只好自己做重複實驗。又嘗試了幾次，可惜再也沒有產生過任何效果。我希望把電流強度調大一點，可是儀器不支持。商業社會對個人在家做實驗太不友善了。

我會繼續這樣的嘗試。如果我寫的文章讓你感到不夠好，希望你能諒解。我盡力了，你要知道我可能是在被電擊的狀態下寫的。

問與答

Q

讀者提問：

我不禁想起了優秀的運動員為了保證自己穩拿冠軍而吃興奮劑，外貌已經相當不錯的女生為了更美而去整容。可否補充說明呢？

Q 讀者提問：

要如何破解保健品的兩因素系統呢？

A 萬維鋼：

這兩個問題說的都是要少用保健品和那些號稱能增強某種能力的東西，包括經顱直流電刺激術。

對保健品的兩因素系統，我認為最好的辦法是提倡一種強硬的生活態度。現在有句話：「人到中年不得已，保溫杯裡泡枸杞。」這個畫面實在太可怕了。不管這個藥有沒有用，一個明明身體健康的人，整天吃藥，這本身就不對。

荀子說：「君子役物，小人役於物。」有病吃藥，這是讓藥為你所用，是把藥當成一個解決問題的工具；沒病吃藥，這是對藥物的依賴，天天吃保健品等於宣布我認命了，我靠自己不行了，我得靠這個藥才行。這可能會讓人變得脆弱。

如果有一天，真的到了專欄作家必須佩戴「經顱直流電刺激儀」才能寫作的地步，那這個工作就太可悲了。但嘗試一下新事物總是可以的。

第 19 章

公平和正義的難題

在斷定是非曲直後，
夜深人靜的獨處時刻，
你得承認「科學思考」的邊界。

讀書人都有個使命，要「為天地立心」，要「鐵肩擔道義」，要講是非曲直，要懲惡揚善，要追求公平和正義。但是你想過嗎？公平和正義就好像真理一樣，我們相信真理是存在的，但我們幾乎沒有辦法，至少沒有科學方法確認絕對的真理。

正如科學結論都只是程序正義，法庭之類的社會機構能給的也只是程序正義。你想在絕對意義上「明辨是非」是不可能的，你只能得到一個「有效的」是非。

要實現公平和正義，我們必須明確判斷一件事情的因果關係，找到它是誰的責任。人們做這樣的判斷時，經常會犯兩個極端的錯誤。

一個錯誤是，認為凡事必有原因。

人到中年的老張搞了個P2P理財[70]，結果搞砸了。妻子抱怨說，那麼多理財產品不買，為什麼非得信P2P呢？

女青年小李在地鐵上被性騷擾，事情傳到了網路上。有網友指責小李穿得太暴露，說：「不然一車廂的人，為什麼就你被騷擾？」

工程師小趙長時間加班，有一天猝死了。人們紛紛議論這是「過勞死」，九九六工作制[71]太不人道，即便為了賺錢，這些工程師也不應該忽視健康啊！

每當發生什麼壞事時，總會有人譴責受害者。這種思維背後的假設是世界上沒有無緣無故的事情，偏偏你遇到這件事，那就必定能在你自己身上找到原因。而這樣的假設是錯誤的。

早在二十世紀六〇年代，心理學家梅爾文・勒納（Melvin Lerner）就提出了一個概念，叫「公正世界謬誤」（Just-World fallacy）。人們默默地假設這個世界對所有人都是公平的，如果好運發生在某人身上，那一定是因為他做過什麼好事或有什麼美德；如果壞事發生在他身上，那一定有他自身的原因。諸如「善有善報，惡有惡報」、「可憐之人必有可恨之處」，以及「一切都是最好的安排」，都是犯了這個錯誤。

汶川地震的時候，美國演員莎朗．史東（Sharon Stone）說這是「中國的報應」，她也犯了這個錯誤。公正世界謬誤會讓人天真地相信每個成功人士身上都必有帶來成功的優點，會讓人接受自己的境遇，也會讓人譴責受害者。公正世界謬誤背後的邏輯，就是任何事情都不會是無緣無故發生的。

而事實是，有些事就是無緣無故發生的。

世界上很多事情是隨機的，或者至少對於當事人來說是隨機的事件。這麼多人買彩券，為什麼是你中獎？彩券開獎的機制是你完全不可控的，這對你來說就是個絕對的隨機事件。老李生活方式很健康，為什麼得癌症？因為產生癌症的機制非常隨機。

人們常常會低估隨機性，強加因果關係。

一個勞累的工程師猝死了，就說這一定是過勞死，這個邏輯不對。科學方法要求你不但要知道有多少工程師一樣勞累並且猝死，還得知道有多少工程師一樣勞累但是沒有猝死，有多少工程師不勞累但也猝死，以及有多少工程師不勞累也沒猝死。把這四個數值都統計到，你才能知道猝死和勞累之間的「相關性」。

而且相關性還不一定是因果性。那你說我們拋棄普通人的見識，嚴格使用科學方法判斷因果關係，做出一個科學的公正理論，這樣行不行？

也不行，另一個錯誤就是試圖用科學方法解決公正的問題。

小明的數學成績不好，沒有人指責小明，因為他的智商只有八十。他很努力，但是很吃力。他不擅長數學，但可能有別的天賦，也許他處理人際關係的能力比較強，長大說不定能當領導者。

小玲的數學成績也不好，但小玲的智商是一百二十。她只是一做題就分心，喜歡看電視，學習不努力。家長和老師都批評小玲。請問這公平嗎？

小玲完全可以說，我之所以不努力，也不是我「想要」這樣啊。我控制不了我自己！我就是愛看電視，有什麼辦法？意志力也是基因和環境共同塑造的，與智商有什麼區別？

科學家會說小玲說的有道理。腦神經科學家羅伯·薩波斯基（Robert M. Sapolsky）在他的《行為》（*Behave: The Biology of Humans at Our Best and Worst*）[72]這本書中反覆強調，人只是一種動物，人的一切行為，不管是好是壞，本質上都是生理現象；人沒有自由意志。正如智商低的人數學成績差情有可原，意志力薄弱也不應該受到譴責。事實上，一切善行和惡行，都與某些精神病人的暴力行為一樣，可以用生理機制解釋。

我們既然不應該懲罰精神病人，又為什麼要懲罰「正常的」犯罪分子呢？

事實上，科學不但不相信人有自由意志，而且不相信事情有「因果關係」。每天早上公雞啼叫之後太陽就會出來，你能說是雞啼導致了日出嗎？車加了油才能走，你為什麼就敢說是加油導致了車能走呢？是因為你知道汽車的運行原理嗎？別忘了，除了數學之外，一切理論都只是你的信念而已。我們從世界中看到的只是各種現象，科學理論是對這些現象的規律的信念。純粹理性只能告訴你相關性，所有因果關係都是人的想像。

設想王某開槍打死了李某。哪怕這個事實毫無異議，純粹的邏輯也無法證明王某應該為李某的死負責。你總要加入一些主觀判斷。

難道說，世界上根本就沒有「公正」嗎？

有些人認為一切事情都必有原因，有些強硬的哲學家則認為任何事都沒有原因，而這兩種思維都不能用來思考公平和正義的問題。為了公平和正義，科學思考者不能走這兩個極端，我們應該從「公正世界謬誤」往理性的方向進一步，從「純科學」往信念的方向退一步。

我們必須假設事情有因果關係，假裝人有自由意志。因為如果不這麼做，你就無法回答「為什麼」。

事實上，就算你相信因果關係和自由意志，也無法回答為什麼。小明為什麼能考上大學，難道僅僅是因為他個人的努力嗎？是否還包含父母和老師對他的培養，社會提供了大學這個地方和大考這個機制，大考當天他的身體健康，城市裡交通狀況正常，他用的筆沒出毛病，地球沒毀滅……？

「為什麼」的因素是列舉不完的。我們需要的不是「正確」，而是「有效」的理論。

電腦科學家和哲學家朱迪亞·珀爾（Judea Pearl）有兩個關鍵洞見，可以幫助我們思考公正的問題。[73]

第一個洞見是，我們真正想要回答的其實不是「為什麼」，而是這三個提問：

一、這件事發生了，那件事是否也會跟著發生？

二、我這麼做會有什麼後果？

三、如果當初我沒有那麼做，現在會是怎樣的？

第一個問題是我們對世界的觀察；第二個問題決定了我們如何干預世界；第三個問題讓我們能夠想像一個不存在的世界，讓我們能有所創造。珀爾說，光靠資料分析是不能回答第二個和第三個問題的，你必須設想一個因果關係模型。

你必須主觀地假設一個從王某開槍到李某死亡之間的因果關係，才能回答像「如果王某沒開槍，現在李某會不會還活著」這樣的問題。

你看出來了嗎？珀爾說的這三個問題都是實用主義的。我們其實並不關心絕對的「為什麼」，我們關心的是怎麼與這個世界打交道。正如你其實並不關心一個人的「動機」，你關心的是他的行為模式。

我們其實並不關心絕對的公平和正義，我們關心的是怎麼利用「公平和正義」這個觀念把世界變好一點。

在這種實用主義的精神下，到底什麼叫「原因」？出了事，到底應該由誰負責呢？

珀爾的第二個洞見是，因果關係也好，責任也好，都不是絕對的「是」或者「否」，而是一個基於機率的數值。

在判斷責任的時候，我們必須考慮兩個機率：一個是充分機率，另一個是必要機率。

簡單地說，對於王某開槍打死李某這件事，所謂的「充分機率」，就是「在王某開槍的情況下，李某死亡的可能性有多大」；所謂的「必要機率」，則是「如果王某沒開槍，李某就不會死亡的可能性有多大」。

而要讓一個人為一個行動的結果負責，他這個行動導致那個結果的充分機率和必要機率都必須很高才行。我們舉幾個例子。

王某開槍導致李某死亡，王某應該負多大責任？如果王某是故意謀殺李某，而我們知道任何人中槍都很可能會死，那麼王某開槍這個行為的必要機率和充分機率就都很高，所以王某應該負全責。

但如果兩個人是在做一個驚險的雜技表演，王某是個神槍手，本來是瞄準李某頭頂上的蘋果射擊，只是十分偶然地失手了，好比是因為這把槍突然出了問題，那麼充分機率就比較低。又或者王某只是被派來殺李某的五個殺手之一，就算他沒打中，別人的子彈也會讓李某死亡，那麼必要機率就比較低。在這兩種情況下，王某都有理由只負一部分責任。

員警追小偷，小偷慌慌張張逃跑，沒注意來往車輛，被車撞死了，員警應該負責任嗎？如果員警不追他，小偷確實不會死，所以必要機率很高。但是這件事的充分機率不會很高，很可能是個意外，畢竟絕大多數人在路上跑並不會被車撞死。

工廠派會計去銀行取現金，發給工人薪水，而會計在回來的路上被搶了，會計應該負多大責任？這與當地治安狀況有關。如果明明社會治安情況惡劣，這名會計卻不謹慎行事，他的責任就很大；如果社會上極少發生攔路搶劫的事情，他的責任就應該減輕一點。

某市長任職期間，該市多次發生重大災難事故。市長說這不能怨我，每個事故都是由於不同的原因發生的，我有什麼辦法？他說的對嗎？這取決於他在任職期間的舉措是否增加了出事故的機率，以及如果不是他，而是換一個更「典型的」官員來當市長，事故發生的機率會有什麼變化。

絕對意義上的是非曲直是無法斷定的，我們最多只能指望「有效的」公平和正義。為什麼要懲罰犯罪？其實並不是為了實現真正的公正。我們懲罰犯罪大抵是出於三個實用主義的原因。

第一，把罪犯關起來，可以避免他再次犯罪。

第二，可以給潛在的犯罪分子威嚇和警告。

第三，也許在科學家眼中，這是最不重要的一個原因，即是讓普通人獲得公平感和正義感感。

社會良心可能只是人們的集體想像，但我們願意繼續維護這個想像。

我們明知道人沒有自由意志，也明知道純邏輯無法客觀地確定事物之間的因果關係，但是為了讓世界能夠有效地運行，我們假裝人有自由意志，並且主觀地假設事物之間的因果關係。

這麼做只是為了實用。除此之外，在斷定是非曲直後，夜深人靜的獨處時刻，你得承認「科學思考」的邊界。

問與答

Q 讀者提問：

萬老師，我有兩個問題，一是不少國家沒有死刑，是否因為這些國家的大多數人認為造成犯罪的原因，很多並不是罪犯個人的因素？或者是大多數人都相信人沒有自由意志呢？

二來，既然人們都不真正關心公平和正義，死刑的實施不是更有實用價值嗎？為何那些國家還不支持？

A 萬維鋼：

談到自由意志的這個層面，談的是要不要懲罰犯罪，是更基本的問題。現在所有國家都認為應該懲罰犯罪，這在政治家和普通人眼中都沒爭議，只有哲學家和生物學家有時候會暢想一下自由意志和懲罰犯罪的問題。對於死刑犯，我們關心的不是要不要懲罰，而是要不要用死刑的方式懲罰。

很多國家廢除了死刑，很多學者在呼籲廢除死刑，並不僅僅是出於對生命的同情，而恰恰是考慮了實用價值。事實上，反對死刑的一個首要原因，就是死刑並不能有效地震懾犯罪。

學者公認的一個觀點是，威嚇犯罪的關鍵在於懲罰的必然性和懲罰的合理性，也就是只要犯罪就一定會受到懲罰，並且世人公認，包括犯罪分子自身也明白這種行為應該受到懲罰，而不是懲罰的強度有多高。朱元璋對官員輕微的貪汙行為都處以極刑，甚至搞出「剝皮實草」這種恐怖的刑罰，可是官員照貪不誤；現代國家只是加強監管和監督，對貪汙的懲罰強度沒有那麼大，貪汙現象反而減少了。

如果犯罪分子在殺人的那個時刻，內心已經失去人性了，將來要被處以死刑這個前景，很可能會讓他更加嗜血。他會想，反正都要死了，乾脆多殺幾個人。

反對死刑的第二個理由也是實用主義的，那就是可能會錯殺。世界上任何國家，法官判案都有一定的誤判比例。可能當時所有證據都指向這個人是凶手，過了十年，新的證據出來了，發現他不是。如果當初沒判死刑，這個案子還有回歸公正的可能性；如果當初已經判死刑了，這就是永久的錯誤。一個好的司法體系應該給人保留一點希望。

但是在我看來，這兩個實用主義的理由都不如第三個理由有力量，那就是「國家」這種東西，本就不應該殺人。死刑，等於是人民授權給國家，讓國家可以根據官僚集團自己的判斷去殺人。

法國小說家卡繆（Albert Camus）年輕的時候是法國共產黨員，第二次世界大戰期間參與了反對德國法西斯的地下反抗運動。一九五七年，卡繆寫了一篇非常著名的文章，叫《思索斷頭臺》（*Reflections on the Guillotine*），是後來廢除死刑運動的一篇重要文獻。卡繆反對死刑的最重要的理由，就是國家犯罪比個人犯罪容易：「這三十年來，國家所犯下的罪，遠超過個人所犯的罪。」

我理解，卡繆因為經歷過納粹德國和二十世紀五〇年代那些慘烈、打著國家名號、由國家機構直接對人執行的迫害，因此認為根本就不應該給國家這樣的授權。其實我們現在想想也是，死刑可是殺人啊，人民能授權給一個機構去殺人嗎？

我們還可以列舉出其他反對死刑的理由。比如當代的司法理念，刑罰的目的其實不只是震懾犯罪，更是教育和改造罪犯，而死刑顯然沒有這個作用。還有死刑本質上是非人道的，是不把犯罪分子當人看，而事實上，只要深入了解一下你就知道，那些死刑犯大多就是普通人。

死刑唯一的正面意義是它能平復犯罪受害者的仇恨和怒火。我特意讀了檢察官熊紅文先生的《死刑犯：破解死刑的密碼》這本書，我理解這也是中國目前保留死刑的唯一理由。從熊紅文先生的論述，包括書中幾位司法界人士的說法來看，中國將來也是要廢除死刑的，只是現階段的國情還不允許，而這個國情，主要就是民眾根深蒂固的「殺人償命」觀念。

我個人其實認為應該永遠保留死刑。每當看到那些慘烈案件的報導，我都義憤填膺，認為只有對犯罪分子判處死刑才是公正的。但是我怎麼想完全不重要。而且我認為脫離歷史和當時社會習俗抽象地談論要不要保留死刑，是不行的。

在人類歷史的絕大部分時期，殺人是非常平常的事情。在一百年，甚至幾十年前，人們都可以完全無視一個與自己沒有任何關係的無辜者死亡。《水滸傳》裡的梁山好漢經常有殺害無辜的行為，以前的人讀書讀到那些情節一點感覺都沒有。是到了今天，要拍電視劇的話，類似的劇情才必須改編，以適應現代人的習俗。

人們對「什麼行為該死」的觀念一直都在變化。

直到一九九七年，中國刑法仍然要求對某些普通竊盜罪判處死刑。有個案例是個二十歲的青年，因為參與竊盜近百次，累積偷盜財物相當於十幾萬元，就被判處了死刑。放在今天，你覺得可能嗎？

一九九七年，《中華人民共和國刑法》廢除普通竊盜罪的死刑，結果此後六年間，重大竊盜案的發生率並沒有發生明顯變化。這不恰恰說明死刑對竊盜犯罪沒有嚇阻力嗎？

中國的《刑法修正案（八）》廢除了十三個罪名的死刑，《刑法修正案（九）》廢除了十一個罪名的死刑，法律正在隨著社會的發展而改變。

那社會習俗是如何改變的呢？固然是先由經濟發展情況、人民的受教育程度和社會治安的好壞等決定；另一方面，也許正是被像卡繆這樣的知識分子推動的。

Q 讀者提問：

萬老師，這個世界上不存在絕對的因果關係嗎？一個放在桌上的瓶子，我不推它，它一定不會掉到地上；我一推，它就掉到地上了。那「我推瓶子」和「瓶子掉到地上」，這兩者難道不是百分百的因果關係嗎？

A **萬維鋼：**你自己知道這是一個因果關係，因為你相信自己有自由意志。作為旁觀者的我，可不知道。

我只看到你推了好幾次瓶子，瓶子都掉在了地上。對邏輯一貫要求嚴格的我，只能說你的動作和瓶子的行為之間有個相關性。事實上，如果我觀察你的次數足夠多，我可能會觀察到有一次你推了瓶子，可是瓶子沒動；還有兩次你手忙腳亂地想要保護瓶子，瓶子也掉了。

就算你的動作和瓶子掉地上之間的相關性是一〇〇%，我也不能說是你導致了瓶子掉地上。也許是瓶子自己想要去地上，為了掩飾自己會動，故意吸引你做出一個其實沒用的動作；也許是你預測到瓶子要去地上，故意做出一個推它的動作，就好像有人在地鐵的月臺上發功，假裝是自己打開了地鐵的車門一樣。也許這一切都是上帝的安排，也許這一切純屬巧合。

而如果考慮到你的意識是在動作之後才發生的，你也不應該相信這是一個絕對的因果關係。

第 20 章

怎樣從固定事實推測真相？

所有標準都是不可靠的，再怎麼說也只是推測！

沒錯，但是我們有時候只能推測。

南京的一個老太太在公車站跌倒受傷。老太太說是一個叫彭宇的人把她撞倒的，彭宇說他只是樂於助人。警方已經得到了所有能得到的證據，而那些證據並不能明顯地支持某一方的說法。如果你是法官，你怎麼判呢？

美國國父湯瑪斯．傑佛遜（Thomas Jefferson）是一位公認偉大、正直的人物。然而歷史上一直有個傳聞，說他與一個名叫莎麗．海明斯（Sally Hemings）的黑人女奴有染，兩人還有私生子。現在正反兩面的材料都有。如果你是歷史學家，你能不能對這件事做個推斷呢？

你最近的工作很不順利，特別是剛接手的一個專案明顯難以做成。你懷疑上司是否故意出難題，因為想阻止你升職。你這個猜測合理嗎？

這一章我們說說如何從有限的事實證據出發，提出一個能解釋這些事實、最合理的假說。這種思維方式叫「溯因推理」。

溯因推理這個概念出現得相當晚，是到了二十世紀初才被美國哲學家查理斯．皮爾士（Charles Peirce）提出來。皮爾士把溯因推理和我們前面講過的「演繹法」和「歸納法」並列，算作第三個基本的論證方法。簡單地說，溯因推理是尋求事情的原因、解釋和背後的機制的方法。

你相信「汽車需要汽油」這個理論，並且據此推斷出「一輛快沒油的車必須趕緊去加油」，這是演繹推理。你看到的幾乎每一輛車都要加油，據此得出「汽車都需要加油」這個規律，這是歸納推理。而溯因推理，則是當你看到城市裡有很多加油站的時候，你推測這些加油站是做什麼用的，接著你觀察到加油站都設在交通路口，有很多車從中進進出出，於是你猜測，加油站是給汽車加油用的。

演繹法是從原因推導結果。歸納法能驗證現有的理論，對新理論，則只能告訴你一個簡單的、近在眼前的規律。而溯因推理，則是從結果推測原因。

「觀察，假設，驗證」這一科學方法中的「假設」，如果涉及一個背後的深層解釋，那麼想像這個假設的過程就是溯因推理。

網路上流傳一句話，號稱是電影《教父》（*The Godfather*）裡說的，但其實不是。這句話是這樣說的：「花半秒鐘就看透事物本質的人，和花一輩子都看不清事物本質的人，註定是截然不同的命運。」這個所謂的「看透事物本質」，也是溯因推理。

比如有個在網路上賣鞋的公司 Zappos，剛開始怎麼做都做不好。總裁謝家華意識到那是因為他們「只做訂單不做庫存」的這個商業模式不對，意識到賣鞋必須建立自己的庫存，這就是溯因推理。

從證據還原犯罪現場，從歷史紀錄推測歷史事實，這些也是溯因推理。

從一個人的意圖推測他的行為，這是演繹法。

從一個人的行為推測他的意圖，則是溯因推理。

你可以想見，溯因推理是一種非常不嚴格的思考方式。

嚴格的科學方法要求你光有一個假說不行，還得做實驗去驗證那個假說。面對同樣一組事實，也許有好幾個假說都能進行解釋，到底哪個對呢？你必須做幾個實驗才能知道。

如果一起事件後續又有了新的事實，我們還可以使用機率統計學中的貝氏推論（Bayesian inference），讓觀點隨著事實發生改變。

然而世界上有些事是不能做實驗的。有時候事實已經固定了，就只有這麼多。彭宇案的現場沒有監視器，法官知道的事實只有老太太跌倒受傷，彭宇幫忙把老太太送到醫院，還墊付了兩百元醫藥費。對這些事實，有兩個假說可以解釋，一個是彭宇撞到了老太太，出於愧疚和責任感才做了那些幫忙的事；另一個是彭宇沒有撞老太太，他只是在做好事。哪個假說才對呢？法官不可能拿這兩個人做科學實驗。

傑佛遜和女奴的事發生在兩百多年以前，對此，傳聞也有兩種解釋，一個是這純粹是當時的小報記者為了爭奪眼球而編造的故事；一個是無風不起浪，傑佛遜應該真有其事。歷史學家面前只有文獻資料，不可能重返現場。那歷史學家該怎麼辦呢？

有一種觀點認為，歷史學家應該只關心絕對的事實，不做任何主觀的推測，只要記錄下來有這麼一個關於傑佛遜的傳聞就行了，至於是不是真的，你可以說你也不知道。這無疑是最嚴謹的姿態，但是嚴格說來，這是根本不可行的。

如果禁止任何形式的推測，那連比如說「拿破崙」（Napulione Buonaparte）這個人是否真實存在過，都不能肯定，畢竟你沒見過拿破崙本人，你手裡有的只是當時流傳下來的一些文件和物品而已，也許那些都是法國人捏造的。以前有個日本學者就寫書說，中國歷史上治水的「大禹」是個虛構人物。有個中國學者叫何新，寫了好幾本書論證西方的古代文明史，包括古希臘、古羅馬那麼輝煌的歷史，他說都是後人偽造的。何新不接受反駁，而你的確無法純粹靠邏輯證明他說的不對，事實是，我們現代人談論一切古代史都要用到大量的推測。

歷史學家必須做一些推測，才算對歷史、對讀者有個交代。[74]法官必須做出一個判決。推測別人的意圖不是一個好的科學態度，但如果現在你正面臨「是否跳槽」這個選擇，你必須推測一下現在出難題給你的上司對你到底是什麼意圖。

我們要問的不是應不應該推測，而是應該如何推測。你需要誠實、明智地進行推測。

溯因推理是科學研究的起點、洞見的來源和我們對過去發生的事情所能做的唯一的判斷。溯因推理非常有用，但它提供的只是假說，只是可能性。至於怎麼發現和提出各種假說，則需要你掌握相關的證據、事實、資料、知識，特別是你腦子裡最好有一些現成的思維模型，在不同的領域中有不同的方法。

我們這一章關心的是，如果你面前已經有若干假說而又無法進一步驗證，你應該如何誠實、明智地從中選擇一個。

嚴格說來，你最後選的這個只是假說，但它已經是歷史學家判斷的真相、法官判案的依據，也是你行動的指南。

你該怎麼選呢？哲學家、歷史學家和法學家給我們提供了四個選擇標準。[75]

第一個標準是「通融性」，也就是這個假說能解釋的資料愈多愈好。

這個標準非常容易理解。我們為什麼相信拿破崙這個人存在過呢？因為「拿破崙存在過」這個假說足以解釋現在有關拿破崙的一切檔案紀錄和實物證據。你要非說拿破崙是虛構的，比如說「是法國人編造的」，那麼你這個假說的確可以解釋法國那些有關拿破崙的紀錄。可是英國人也聲稱他們見過拿破崙，那麼英國的紀錄又怎麼解釋呢？

第二個標準是「簡潔性」，也就是這個假說需要的輔助解釋愈少愈好。

這個標準會讓你想起「奧坎剃刀」，因為它要求我們選擇最簡潔、最平淡、最保守的解釋。有證據表明前天晚上發生交通事故的那條路是溼的，這說明什麼呢？最簡單的假說就是當天下雨了。當然還有別的可能性，比如說附近一條小河的水位突然漲起來了，河水漫過了路面，這個假說就不太好，因為你必須解釋為什麼小河的水位會漲，以及為什麼有人在河水會漲起來的地方修建了這條公路。

簡潔性要求我們盡量用平淡的事情去解釋離奇的事情，而不要用離奇的事情去解釋平淡的事情。為什麼我們不應該相信「陰謀論」呢？因為陰謀論都是假設「有幕後黑手」之類的事情，這種事情都要求那個幕後黑手必須無比強大，甚至幾乎能掌控整個世界才行。按照網路上某些人的邏輯，世界上一切產生國際影響的大事件都是中國政府或者美國政府在暗中策劃的，他們大大高估了政府的控制能力。

「漢隆剃刀」（Hanlon's razor），即「能解釋為愚蠢的，就不要解釋為惡意」也是這個意思。愚蠢代表人們在生活中常犯的各種錯誤，比如說忘記、搞錯、漏掉、誤會等是簡單、常見、高機率的事情，而惡意是罕見的。

如果你出難題給你的上司除了安排最近的任務這一件事之外，沒對你做過別的不好的事，你大概就可以用漢隆剃刀排除「他是在故意整你」這個猜測。

第三個標準是「類似性」，也就是這個假說與我們知道為真的那些事實愈相似愈好。有人論證傑佛遜的確與海明斯有染的一個理由是，在當時的維吉尼亞，白人男性與女黑奴發生性關係是一個相當普遍的現象。這個理由不是很充分，但可以算是有一定的力量。要是反過來，當時的歷史現實是白人男性幾乎沒有與黑人女奴發生過性關係的，那麼傑佛遜就可能是清白的了。很多律師為人辯護的時候常用「這個人素行良好」來論證他不太可能犯罪，也是在運用「類似性」。

說到這裡，我們就來看南京彭宇案。根據最高法院二〇一七年發布的說明[76]，南京法官判決彭宇須賠償老太太，並沒有冤枉他。彭宇事實上已經承認了自己撞人。這個判決其實達到了實質正義。

但這個判決真正的問題不在於結果，而在於判決書。法官在判決書中展現的論證邏輯是，彭宇如果沒撞老太太，為什麼墊付了兩百元的醫藥費呢？判決書寫：「根據日常生活經驗，原、被告素不認識，一般不會貿然借款；即便如被告所稱為借款，在有承擔事故責任之虞時，也應請公交月臺上無利害關係的其他人證明，或者向原告親屬說明情況後索取借條（或說明）等書面材料。但是在本案中並未存在上述情況，而且在原告家屬陪同前往醫院的情況下，由其借款給原告的可能性不大；而如果撞傷他人，則最符合情理的做法是先行墊付款項。」

以我之見，法官使用的溯因推理判斷標準就是「類似性」，但是法官使用了錯誤的「類似」。判決書的表述等於說我們通常不會拿錢給別人做好事，就算要做好事也會先留下證據。可真是這樣的嗎？事實是中國每天都在發生各種無私幫助別人、並不留證據的好人好事。

正是這一份判決書，讓很多人再也不敢幫助跌倒的老人。它就如同一個自證預言，一度改變了中國的社會規範。

第四個標準主要用於推測歷史事件，它說的是「從結果到原因的解釋，總是優於從原因到結果的解釋」。簡單地說，就是你要盡可能地由後往前推，不要從前往後推。

這是因為從原因到結果有太多可能性了。我打個比方。你為什麼相信中華人民共和國是一九四九年十月一日這天成立的呢？如果你自後往前推，那是因為我們看到一九四九年以後有大量的檔案、實物、當事人的回憶，都說那一天是建國日。這樣的證據非常有力。

反過來，如果你用一九四九年以前的證據推測一九四九年的事，就太容易犯錯了。你要是說因為早在一九四六年的時候，就已經有足夠多的證據表明領導人英明神武、解放軍驍勇善戰，所以你相信解放戰爭打到一九四九年必定打完，所以你相信中華人民共和國一定是在一九四九年成立的……那你這個推導就太弱了。

對歷史事件用演繹法是非常危險的，那其實就等於在預測未來。過去和未來是不對稱的。同一個原因可以產生各種不同的結果，但同一個結果只對應很少的幾種原因。這裡有一個孩子，你要判斷他父母是誰，這很容易；這裡有一對夫妻，你要判斷他們會生出一個什麼樣的孩子，那不可能。

有人論證傑佛遜不會與海明斯有私生子的理由，是傑佛遜是個正直的人，還有種族主義思想，所以他不會對黑人女性有想法，這就是從原因到結果。

有人論證傑佛遜的確與海明斯有私生子，理由是「傑佛遜特別關照海明斯的孩子（並最終給了他們自由）；很多資料記載海明斯的孩子看起來很像傑佛遜；麥迪遜·海明斯（Madison Hemings）自稱是傑佛遜的兒子；海明斯每次懷孕的時候，傑佛遜都正好在位於蒙地切羅的家中」[77]，這就是從結果到原因。

後者比前者更有力。

如果有什麼事情是比從一個人的行為推測他的動機更可怕的，那就是從一個人的動機去推測他一定有過什麼行為。

你可能會說，這裡提到的所有標準都是不可靠的，再怎麼說也只是推測！沒錯，但是我們有時候只能推測。而這些標準能夠讓我們做出最合理、也可以說是最符合程序正義的推測。

我們已經離純邏輯愈來愈遠了。

問與答

Q 讀者提問：

您能解釋一下「曼德拉效應」（Mandela effect）的真相嗎？或者說能科學地推測一下真相嗎？

A 萬維鋼：

曼德拉效應是個特別有意思的效應。它最早可能是在二〇一〇年，由一位愛好超自然現象的美國部落客費歐娜・布魯姆（Fiona Broome）提出來的。

布魯姆寫文章說，我印象中那個南非黑人領袖，尼爾森・曼德拉（Nelson Mandela）不是在二十世紀八〇年代就已經死了嗎？難道你們不記得了嗎？怎麼現在他當上南非總統了呢？

布姆魯據此提出了一個假說，表示曼德拉真的在二十世紀八〇年代就死了，但是後來有人可能是透過穿越時空的方式，回到了八〇年代，救下了曼德拉，改寫了歷史。而我們現在是身處一個被穿越者分叉了的平行宇宙之中。但是歷史的改寫並不是很澈底，所以有些人（大概全世界有那麼幾千人吧）還保留了曼德拉已死的記憶。

你發現一起公共事件的真實情況與你一直以為的、與你記憶中的不一樣，而且還發現別人也有這種感覺，於是你們推測是不是歷史被改寫了，這就叫曼德拉效應。

我看過中文世界裡有一篇講類似效應的文章，說香港演員午馬不是已經死了嗎？怎麼最近又聽說了他結婚的消息？是不是午馬其實死了，後來歷史改寫，但是我們這幾個人保留了上一版歷史的記憶呢？

還看過一個例子，有一群美國網友在 Reddit 網站上討論，說你們看沒看過二十世紀八〇年代一部由某某影星出演的某某電影？有好幾個人表示看過那部電影，有的明確記得自己租過那個電影的錄影帶。但是，現在整個網路上都找不到那部電影存在過的證據。你查該位影星的演出紀錄也好，搜尋圖書館也好……不管用什麼手段，你都無法證明真的有過那麼一部電影。那麼，那部電影是真的存在過嗎？是不是歷史被改寫了，那部電影被抹去，只留在我們這幾個人的記憶裡呢？

根據簡潔性原則，對曼德拉效應最好的解釋就是我們的記憶出錯了。與直覺相反的是，人的記憶非常容易出錯。

有人曾經做過這樣的調查，問二〇〇一年九一一事件當天，你在做什麼？與誰在一起？九一一可是歷史大事件，我們的記憶應該非常鮮明，對吧？不對。有個心理學教授記得當天他是與自己的三個研究生在一起，結果回訪他們，證明根本不是這樣。

事實是你的記憶根本就不可靠。你可能覺得曼德拉和午馬會死，然後你無法區分「覺得」和「發生」。這個解釋最簡單。

如果你非得說這是因為歷史被改寫了，你就必須同時解釋以下這些事：

第一，穿越時空、改變歷史是可能的。

第二，平行宇宙的分叉並不是很澈底，導致有些人還記得另一個時空裡的事。

第三，而這個不澈底又恰到好處，讓我們既能發現一點蛛絲馬跡，又不至於讓所有人都明顯地感覺到歷史被改寫……

你覺得這可能嗎？這個解釋的成本是不是太高了？它存在理論上的可能性，但是不值得嚴肅對待。

不過，在我今天寫這個問答的時候，也發生了一個有意思的事。我明明記得幾年前（大概兩三年前，一定沒有六年那麼長）我看過關於影星午馬的那篇討論平行宇宙分叉的文章，當時我還特地去查了資料，午馬沒死，而且是新婚。

可就在剛才，我為了回答這題，又去查了一下，發現午馬二〇一四年就去世了！

要不是我的記憶出現了嚴重錯誤，要不就是平行宇宙又分叉了。你記得當時網路上流傳的那篇有午馬的文章嗎？你聽說過午馬去世嗎？

第 21 章

神來之類比

類比只有好不好，沒有對不對。

從這個意義上說，你可以認為類比是一種藝術。

市面上有不少講述「批判性思維」的書，像是摩爾（Brooke Noel Moore）和帕克（Richard Parker）合著的《批判性思維》（*Critical Thinking*）[78]、布朗（Neil Browne）和基里（Stuart M. Keeley）合著的《看穿假象、理智發聲，從問對問題開始》（*Asking the Right Questions: A Guide to Critical Thinking*）[79]，還有保羅（Richard W. Paul）和艾爾德（Linda Elder）合著的《思辨與立場》（*Critical Thinking: Tools for Taking Charge of Your Professional and Personal Life*）[80]等等，很多是大學生的入門教材，有的已經出了十幾版。這些書講得都很有條理，試圖提供包攬一切的思考解決方案。以我之見，這種標準化的「批判性思維」雖然能幫助有心人更清醒地思考，但仍存在一定的不足。

標準化的「批判性思維」把思考變成了走流程。怎麼避免常犯的思維偏誤？一、二、三、四。如何知道一個說法是否可信？A、B、C、D。但是正如本書前面講的，科學不是方法，科學思考也不是演算法和邏輯規則。我們講到了最前端的科學哲學，事實是並沒有一套標準的操作能讓你機械化地明辨是非。

《易經》有句話叫「通變之謂事，陰陽不測之謂神」。真實世界裡的事，不會按照固定流程走，你得掌握套路的變化才行；真實世界裡的是非，往往不能用純邏輯規則判斷。

我們這本書講的是科學思考的大乘功夫。思想家的每一件武器都是運用之妙、存乎一心的東西。我們講的技術是「非線性」的，你既要掌握很多流程，又要能夠從流程中跳出來，去審視流程本身。

有人說，「有的人活成資料，有的人活成算法」。其實活成演算法並不比活成資料高級。數據代表以往的經驗，演算法代表機械化地應用經驗。如果說活成資料的是被觀測物件，那活成演算法的也只不過是工具人。而科學思考者，則是知道該搜集什麼資料，提出創造性的假設，能夠合理驗證理論，以及書寫、改進和審視演算法的人。

這一章，我們要講一個更基本的思維方法。世界上有一些特別厲害的思考者，比如高斯（Johann Carl Friedrich Gauss）、尤拉（Leonhard Euler）、愛因斯坦、馮紐曼（John von Neumann）這些人，是神一樣的存在。沒有人知道怎麼才能學到他們的本事，而這個方法，就是我們唯一可以向他們學的。這個方法用好了，能夠出神入化。

這個方法就是「類比」。

所謂類比，就是尋找不同事物相同點的思維。你接手了一個新工作，感到有點吃力，想要系統化地學習其中的專業知識，就說「我要找本書充電」，這即是類比。你把知識類比成能量，那麼相應的，自己的知識系統就是電池。這很像是比喻，但類比是更為基本的思維。比喻只是類比的一種，目的是為了表達；類比則是為了思考。

明明是不同的事物，你卻能看到它們的相同點，發現它們其實是同一回事，這是一種非常高級的能力。有人說這是「從具體到抽象」[81]，但我更喜歡學術通才侯世達（Douglas Richard Hofstadter）的說法，這叫「從表象到本質」[82]。你得能從兩個不同的表像中看到相同的本質，才能對這兩個東西進行類比。

類比有風險。有人把男女之情類比成磁鐵，說「同性相斥，異性相吸」，並且推論同性別的兩個人在一起必定合不來，甚至據此論證同性戀是違反天性的行為，這就不是個好類比。人類情感與磁鐵是兩回事，你強行類比那是你的問題，不是事物本身有問題。

可是我們應該如何判斷一個類比是不是正確的類比呢？沒有統一的方法。你大約只能在類比之後，仔細考察兩個事物的本質是不是真的一樣，才能據此下判斷，你無法事先甄別和選擇類比。

因為類比經常出問題，有的「科普人士」乾脆禁止普通人對科學知識進行類比。我認為這是錯誤的，事實是人根本就離不開類比，理解和運用科學知識更需要類比。

有一天你來到一座新辦公大樓辦事，一看這座大樓充滿科技感，特別是裡面的電梯都是你從來沒見過的樣式，但是你仍然能僅憑藉直覺，就正確地使用了那部電梯。

你這個行動便用到了類比。你坐過其他類型的電梯，這樣的電梯你沒坐過，那你為什麼會用呢？因為你合理地猜測到它與別的電梯本質是一樣的。這個猜測，就是類比。

只要是一個新情況讓你聯想到以前遇到過的情況，你就會使用類比。有類比，我們才能提煉和運用經驗。使用一個社會科學的理論，運用一個心理學的套路，包括生活中說的「唇亡齒寒」、「說曹操，曹操到」之類的典故，也都是類比。你要是敢對老闆說：「別的公司加班都有加班費，我們公司能不能也發加班費呢？」這也是類比，而且是非常合理的類比。

事實上我們早就已經把類比運用於無形之中了。桌腳明明是木頭的，我們為什麼管它叫「腳」呢？「高」和「低」不是高度的概念嗎？為什麼我們說「這個東西的品質很高」「這個人的水準很低」呢？「吃」這個動作不是往嘴裡送嗎？為什麼你上次超速被員警攔下時，說自己是「吃」了罰單呢？

有些人認為真正的類比必須是嚴格的。有一類邏輯測試題，比如美國研究生入學考試（Graduate Record Examination）的詞彙題，就是專門考類比。這種題就像對對聯一樣，比如說，「西瓜」之於「紅色」正如「花椰菜」之於某色，這道題你必須選「綠色」，因為它和「紅色」說的都是物體的顏色。這樣做題是沒問題，但是侯世達特別強調，真正的類比不應該限定必須是精確的。

不精確的類比也是類比，而且往往更有用。「後母」也是「母」，這個類比好像沒問題，可為什麼「祖國」也是「母親」呢？這顯然擴大了「母親」的範疇，但如果嚴格地講，「後母」其實已經擴大了母親的範疇。我們的思維一直都在不聲不響地擴大各種概念的範疇，就好比（這裡我們引用一個侯世達發明的類比）以前的人說「北京」，指的就是北京城牆以內的老城區，可是北京一直都在變大，「北京」沒有固定的邊界。

一個類比好不好，不在於它夠不夠精確，而在於它能不能給你帶來好的啟發。

對科學思考者來說，類比最重要的作用是幫你提出假設。觀測結果和資料不會自動提供假設，假設都是你這個思考者自己想出來的。而且你的假設愈高妙，你的理論就愈有意思。有時候你幾乎得是憑空、從天而降地給出假設。這樣的假設是從哪來的呢？除了演繹和歸納，最方便的辦法就是類比。

比如說，伽利略（Galileo Galilei）提出過一個「相對性原理」，意思是如果你在一艘行駛得非常平穩的船裡，如果你看不到船外面的景物，那麼不管做什麼樣的力學實驗，你都無法判斷這條船是正在做等速直線運動，還是處於靜止狀態。後來愛因斯坦創立狹義相對論，就是把伽利略這個相對性原理推廣下去。愛因斯坦說，如果我做的不是力學實驗，而是電磁學實驗呢？如果我用到光呢？我應該也無法判斷船的狀態。

這個不是演繹法，愛因斯坦擴大了相對性原理的範疇，而不是在應用相對性原理，這是類比。伽利略那個原理的作用是給愛因斯坦提供了啟發，讓他提出包含電磁學的相對性原理這麼一個新的「假設」。當然，愛因斯坦和實驗物理學家之後必須驗證這個假設才行，但提出假設是整個科學發現中最關鍵的一步。

類似的，愛因斯坦在廣義相對論中把「加速運動」和「引力」這兩個以前看似完全不一樣的事物等同了起來，這也是類比，而且是神來之筆。

為什麼愛因斯坦能提出這樣的類比？因為他在專利局工作過。愛因斯坦的很多思想實驗都與電梯有關係，正是因為他審核過很多關於電梯的專利。

學者們常常會把自然科學中的概念類比到社會科學中。「熵」明明說的是一團氣體的混亂程度，結果被用於描寫公司和組織的混亂。「作用力和反作用力」、「加壓和洩壓」明明是力學概念，結果被用於社會治理。「演化」本來是生物學的事，現在普遍被用於論證市場經濟。這些類比有的對，有的不對，但可貴的不在於準確性，而在於你能想到它。

創新也是一種假設和檢驗，而類比最能提供創新。類比的創新思路就是把一個熟悉的領域的東西，應用到新的場景之中。

比如說 Uber 公司允許普通人用自己家的車為陌生人提供服務，那住房能不能也這麼做呢？於是就有了 Airbnb 這種共享住宿的業務。接著，自行車能不能共用呢？接著就有了共享單車。

順著這個思路，那辦公室可不可以共用？偶爾做個活兒用的工具可不可以共用？書有沒有必要共享？祕書也可以共用嗎？類比能提供思路，然後你再驗證。

我最近參加了一次「國際消費電子展」（Consumer Electronics Show）。我發現，市場上即將推出的各種主流新產品，都可以用一個公式表示──「AI＋物聯網＋螢幕＋X」。

這個公式裡面，「X」可以是家電、汽車、住房、健身用品、機器人，或者任何你能想到的東西。比如所謂的智慧冰箱，就是帶有螢幕，能監測食物過期時間，提供食譜，可以下單買食物的冰箱；智慧衣櫥，就是帶有螢幕，能用AI把你的形象和衣服搭配起來的衣櫥……這個道理是，AI和5G網路只要成熟了，你就可以把它們用在一切地方。

想提出好類比，要求我們透過事物的表像看到本質，那怎麼知道一個事物的本質到底是什麼呢？答案是，事物根本就沒有「內在的」、「唯一的」、「本質的」……本質。你看到什麼，取決於你怎麼看，也就是你的視角。

一輛特斯拉（Tesla）電動車，你說它是一個交通工具也行，說它是一個比較貴的東西也行，說它展現了人工智慧在自動駕駛方面的應用，說它是伊隆·馬斯克（Elon Musk）的一個成就，說它是中美合作的新專案，說它速度快，說它環保……怎麼說都可以。不同的人有不同的視角，同一個人考慮一個東西也可以用多個視角。每個視角都帶來一個或者幾個思維模型，每個模型都可以用來類比。

類比只有好不好，沒有對不對。從這個意義上說，你可以認為類比是一種藝術。

為什麼這個世界允許人們類比？因為世界是講理的，因為道理總是比東西少，而道理是通用的，一個道理可以用在不同領域的不同東西上。我猜一切道理都是某種數學結構，都是柏拉圖世界在我們這個世界的投影，不過是不是這樣都不妨礙你使用類比。

因為世間的道理可以千變萬化，所以類比沒有規則。類比的作用是給你提供一個假設的思路，是靈感，是可能性。「可能性」在英文中有兩個詞，一個是 possibility，意思是有沒有這個可能；一個是 probability，意思是這個可能有多大。我們前面講的奧坎剃刀、科學實驗方法、溯因推理的選擇標準，關心的都是評估 probability；而類比，關心的則是提供 possibility。

要先想到一個可能性，才談得上去評估和驗證這個可能性。大多數人的問題不是想錯了，而是想到的可能性太少，是根本猜不到那個東西的本質，因為他們根本沒往正確的方向去想。如果你想不到與什麼東西類比，很可能是因為你知道的模型太少。查理．蒙格（Charlie Thomas Munger）號稱總結了一百種常用的思維模型[83]，其中主要是心理學；裴吉（Scott E. Page）在《多模型思維》（*The Model Thinker: What You Need to Know to Make Data Work for You*）一書中描寫了幾十個模型[84]，其中主要是數學……

我知道的聰明人，沒有一個不愛用類比的。類比功夫是你學問和經驗的累積，是你聰明才智的發揮。這是一門一輩子的功夫。

第 22 章

兩條歧路和一個心法

世界上的事大都沒有絕對的客觀，
總要先有立場和視角，
思考才能展開。

蕭伯納（George Bernard Shaw）有個劇本叫《芭芭拉少校》（*Major Barbara*），其中有一段對話，曾經讓作家王小波留下深刻印象。在書中，軍火大王安德謝夫想給自己的兒子史帝芬安排個好工作，列舉了文學、醫學、法律、軍事等一系列職業，可是史帝芬都不感興趣。安德謝夫說，那你到底能做什麼呢？你有什麼特長和愛好？

史帝芬說，我別的都不會，唯有一項長處，我會明辨是非。

安德謝夫一聽，氣壞了，說那麼多哲學家、律師、商人和藝術家都不知道怎麼明辨是非，你會明辨是非？

王小波二十來歲的時候讀到這一段，曾經「痛下決心，說這輩子我做什麼都可以，就是不能做一個一無所能、就能明辨是非的人」。等到四十多歲，他卻專愛寫些明辨是非的文章：「我活在世上，無非想要明白些道理，遇見些有趣的事……為此也要去論是非，否則道理不給你明白，有趣的事也不讓你遇到。」[85]

我們這本書的目的就是激勵你學習如何明辨是非。我們現在有比蕭伯納、王小波那個時代更高級的學問資源，但明辨是非仍然是件很難的事。

所謂明辨是非，就是在模糊、爭議和兩難的局面下，知道什麼是真，什麼是假，什麼是對，什麼是錯，該做什麼，不該做什麼……或者至少知道該如何判斷。

你容易理解為什麼大多數人不會明辨是非。面對一個不熟悉、甚至可能超出自己認知範圍的事物，人們會被情緒和視野限制。王小東對中國足球很惱火，所以就把中國足球說得一無是處；聶衛平是個下圍棋的人，所以在他的眼中，中國足球的問題就應該用圍棋來解決。

人們會受到也許有幾百種之多的思維偏誤影響；人們不會客觀評估自己在世界上的位置，把奇蹟當作願望，把願望當作現實；人們不能理解真實世界的複雜性，用故事解釋事件，用標籤簡化他人；人們分不清觀點和事實，不會誠實面對自己的立場，不懂得跳出自己的視角。

這些偏誤都可以透過學習和訓練避免。現在有很多大學，包括一些中學，都開設了批判性思維課程。已經有一些基於隨機分組實驗的研究證明，學習批判性思維的確能提高學生的批判性思維能力。[86]

不過我們也必須誠實地說，有一些最新的研究認為這些課程的效果很有限，而且難以持續很長時間。[87]

以我之見，批判性思維，以及更大範疇的「科學思考」，並不是一門課程，不是一套標準化操作方法，不是可以直接安裝進大腦的作業系統。科學思考是一門功夫，是人的修養。你必須在每一個具體的問題中慢慢磨練才行。你得犯過很多錯，吃過很多虧，以至於一想起來自己當年竟然那麼幼稚，會感到很不好意思才行。這裡面有一些說不清道不明的東西，你得達到「運用之妙，存乎一心」的境界才行。

科學思考不是一條簡單的直線路徑。很多人走著走著就走偏了，走上了兩條歧路。

一條歧路是教條主義。

教條主義

有個心理學效應叫「皈依者狂熱」，意思是加入一個社群的外來者，往往比這個社群的原生居民更狂熱、更虔誠地相信社群的教條。有的偽軍對中國老百姓比日軍還狠，有的留學歸國者與中國人說話也非得用兩個英文單詞。皈依者狂熱在科學上的表現就是——很多不做科學研究的人，比如科普作家和科學記者等，都比科學家更相信科學。

科學家對科學其實沒有那麼強烈的信念。科學家只是做研究做出發現而已，他們希望自己發表的結論是對的，但是他們作為內行，深知有太多發表出來的結論都是不對的。

科學很了不起。科學方法是可累積、有秩序的思考。像量子力學這樣的著名科學理論常常是歷經幾代人從理論到實驗反覆驗證、千錘百煉的結果。科學有明確的進步，而人文學科到現在還在琢磨孔子和蘇格拉底那些人的話。

但科學不是教條，科學也不是方法，科學也不僅僅是「可證偽」那麼簡單。我們小心翼翼地考察了科學是怎麼回事，我們知道科學結論只是程序正義，不是真理。

教條主義者的眼中是個非黑即白的世界，他們希望一切道理都像數學那樣可以用純粹的理性和邏輯證明。

而我們發現那條路根本走不通。如果你既要保證智識的誠實，又要解決真問題，你就不得不承認，你做不到絕對的客觀。你總要先有個不是與所有人都一樣的立場。你得不問為什麼就相信一些信念。你得承認自己只能接收到部分的事實。你需要提出若干個大膽、有時候是神來之筆般的假設。然後你還得使用奧坎剃刀之類、近乎「審美」一樣的標準去選擇哪些假設值得你費功夫進一步思考和檢驗。

你得承認你只能得到一個大概有可能正確，而也有可能不正確的判斷。科學思考的作用僅僅是讓你正確的可能性更大一點。你思考過一個觀點，可是如果事實變了，你就得用貝氏推論調整你的觀點。而有時候哪怕事實有限，並不足以讓你形成過硬的觀點，你也得給個觀點。然後你別忘了用做實驗之類的辦法來檢驗你的判斷。

我講了演繹法、歸納法、溯因推理和類比思維，這些方法一個比一個不客觀，一個比一個大膽……恰恰因為是這樣，只要你用對了，它們才一個比一個厲害。

有些極端的教條主義者認為自己已經掌握了真理，堅持無比強硬的立場，把不與他們保持一致的人都視為敵人。這樣的人非常危險，會害人害己。

虛無主義

另一條歧路是虛無主義。

以前有個科普節目說你得吃某些東西，還得做些什麼，才能減肥；可是沒過幾年你又聽到一個健康專家說不對，你得吃另一些東西，得換個方式做，才能減肥。如果連牛頓力學都是錯的，連愛因斯坦都能在量子力學上犯錯誤，那還有什麼科學結論是值得堅信的呢？我們長大以後讀書，看到的歷史人物和歷史事件與中學課本上說的幾乎完全不一樣，現在甚至還有人說秦檜和汪精衛做的事也有他們的道理……

虛無主義者有感於這些，索性認為這個世界根本就沒有是非。他們犯了兩個錯誤。

第一個錯誤是「滑坡謬誤」（Slippery slope argument）。這是一種透過現象看本質的歸納法，是無限制的推廣。小張找小李借十塊錢，小李拒絕了。別人問小李說，你為什麼連十塊錢都不願意借給同事呢？小李說，我今天借給他十塊，明天就得借給他一百塊，過幾天就是一萬塊……那我受得了嗎？

事實是，小張只是因為臨時要坐公車忘了帶錢包而已，同事之間借點小錢很正常。學術界只是對有些事情有爭論，對大多數事情是有共識的，學術有爭論很正常，你不能看到表面上波濤洶湧就說整個大海都會隨時翻覆，知識沒有那麼容易被推翻，科學思考者的世界觀的確會不斷改進，但沒有那麼不穩定。

第二個錯誤是「涅槃謬誤」（Nirvana fallacy），也叫「完美主義謬誤」。這是一種願望思維，認為只有完美的東西才值得存在，如果一件事不能做到完美，那就不應該做。你說政府應該禁止未成年人飲酒，他說那又有什麼用呢？未成年人還是可以弄到酒偷偷喝。你說你應該上大學，他說上大學有什麼用？你沒看很多大學生都找不到工作嗎？

事實是，就算不能完美解決問題，能解決一部分問題，能以一定的機率解決問題也行。你說我經過思考，得出了這麼一個不一定正確的結論，他說不一定正確的結論為什麼還說出來？可是除了數學，我們本來就不應該指望獲得絕對正確的結論。科學思考本來就只能提供有限的知識，但有限的知識遠遠好過沒有知識。

有些虛無主義者走向了反智，他們不相信且鄙視專家和知識分子，總是懷疑別人在故意騙他們。有些虛無主義者成了犬儒主義者，他們認為除了利益和及時行樂是真的，其他一切都是假的。還有一些虛無主義者是相對主義者，他們認為世界上並沒有絕對的對錯和好壞，一切都是相對的，一切認知都是平等的。

一個心法

我們科學思考者相信世界是講理的，但是並不認為人可以輕易得到絕對的真理。這本書一邊探索尋求正確結論的方法，一邊列舉這些方法的局限性。這個過程本身就是個很好的思維訓練。我希望你一邊學習科學思考，一邊透過對「科學思考」的思考，來演練科學思考。

遇到事情，怎麼避免教條主義和虛無主義這兩條歧路呢？注意，正確做法可不是刻意地走什麼「中間路線」去和稀泥。我這裡有一個心法。

這個心法叫「總是研究有具體情境的問題」。

有具體情境的問題，才是真問題。

「你喜歡紅色嗎？」這不是一個真問題。你可能喜歡紅色的禮品包裝和紅色的口紅，但是不喜歡紅色的鍵盤和紅色的窗簾。單純說紅色沒意義。「這個鍵盤，你希望它是紅色的嗎？」這才是真問題。

「秦檜的行為有百分之多少的合理性？」這不是一個真問題。你得知道這個問題是誰、在什麼情況下問的才行。如果是宋高宗趙構在已經確定了求和政策的情況下問你，那秦檜的策略就是合理的；而如果國家已經改變思路，要抗金，要光復河山，那就必須先把秦檜幹掉。

「這個藥有效嗎？」這不是真問題。「根據當前科學理解，根據有限的實驗證據，在沒有其他有效替代的情況下，考慮到這個人的風險承受能力，這個藥該不該吃？」這才是真問題。

「救一個人還是救五個人？」這其實也不是真問題。我們必須考察那一個人和那五個人是由於什麼原因把自己置於危險之地，考慮當地的法律規定，還得考慮救人這件事對當時的社會規範會有什麼影響。

教條主義者自己不會考慮情境，虛無主義者不知道別人考慮了情境。

除了數學和在我們這個宇宙裡談論自然科學之外，真問題都得有具體的情境。有具體情境，你才能有立場和視角。立場提供了思考的出發點，視角提供了假設的思路。

有時候你得兼顧別人的立場，換位參考別人的視角，但是世界上的事大都沒有絕對的客觀，總要先有立場和視角，思考才能展開。

出了個什麼事，別人找你拿個主意，這是科學思考者的榮譽，也是責任。你不判斷不行，胡亂判斷更不行。你積平生之所學，也許就是為了決斷這一刻。為了提出高水準、負責任的判斷，你必須既要有堅定信念，又要有開放頭腦；既要堅持立場，又要勇於妥協；既要依靠理性，又要借助感性；既要大膽假設，又要小心求證；既要遵循一般規律，又要考慮具體情境；既要有謹慎保守的作風，又要有果敢決斷的氣質……

我不認為人工智慧在可以預見的將來能做到如此矛盾的思考。明辨是非，是你這個科學思考者的特長。

番外篇 1

貝氏推論

俗人說信仰都是堅定不移的，

而哲學家會有不同的意見。

貝氏推論是一個特別常用、特別重要、也特別值得深思的思想。

如果你對這個詞還無感，建議你先聽一下「羅輯思維．啟發俱樂部」第一八二期的《我們到底該信誰？》，羅振宇在裡面介紹了貝氏推論。

用一句話概括貝氏推論的思想，就是「觀點隨事實發生改變」。

科學的世界裡沒有「堅定不移」這一說。卓克老師在「得到」課程「科學思維課」裡特別愛說一句話：「知識這東西就得經常地核實和訂正。」這個道理很簡單，你有一個信念，當有關這個信念的新事實進來之後，你就得修正這個信念。

怎麼修正呢？堅定不移不對，聽風就是雨也不對。科學地修正，就是貝氏推論。

為了透澈理解這個方法，我們需要下一點硬功夫，稍微用一點數學。用到的數學很簡單，就是對機率的加減乘除。這樣你就可以把這個方法想透，我相信你會有很大的滿足感。當然你也可以跳過數學，那樣你就只能收穫一點哲學。

貝氏推論有點像破案。福爾摩斯愛說自己用的是演繹法，其實不準確。演繹法是按照規則推論一件事的結果；破案是從一具屍體出發，推測是誰殺了他，這是本書第二十章講過的「溯因推理」。

貝氏推論的本質，也是從結果推測緣故，但它是用數學的方式。你懷疑凶手是老王，但是你沒有任何證據，所以你的懷疑度比較低。有一天終於從老王家搜出了凶器，這個證據會使你對老王的懷疑加重，你要更新對老王的懷疑。這就是觀點隨事實發生改變。

而這首先是個哲學問題。

信仰是一種機率

俗人說信仰都是堅定不移的，而哲學家會有不同的意見。

一七四八年，蘇格蘭哲學家休謨寫了一篇文章叫《論奇蹟》（*Of Miracles*）。裡面說，像死人復活這種明顯違反自然常識的事，只有幾個目擊者說看見了，這個證據是不是有點太弱了？休謨說的其實就是耶穌復活，只是他不敢直接點名。

休謨說的沒問題。我們容易接受平常的事件，奇蹟則需要更強的證據。卡爾·沙根（Carl Edward Sagan）講過一句話：「超乎尋常的論斷需要超乎尋常的證據。」

怎麼量化證據和論斷的聯繫呢？解決這個問題的就是我們的主角，托馬斯·貝葉斯（Thomas Bayes）。

什麼叫「信」，什麼叫「不信」呢？貝葉斯說，你對某個假設的相信程度，應該用一個機率「P」（假設）來表示。

P等於一就是絕對相信，P等於零就是絕對不信，P等於一五%就是有一點信。我們先把信仰量化。

有了新的證據，我們要更新這個機率，變成以下公式：

$$P(\text{假設}\mid\text{證據})$$

這個叫條件機率。一般來說，$P(A|B)$ 的意思是，「在 B 事件為真的條件下，A 事件的機率」。我們舉個例子，A 表示下雨，B 表示帶傘。一般來說這個地方不常下雨，所以 $P(A)$ 等於〇・一。但是今天你注意到愛看天氣預報的老張上班帶了傘，那你就可以推斷，今天下雨的機率應該增加。在「老張帶傘」這個條件下的下雨機率，就是 $P(A|B)$。

注意，如果我們畫個因果關係，緣故→結果（「→」可以讀作「導致」），在這裡就是「下雨→帶傘」，A→B。它和「老王是凶手→在老王家裡找到凶器」，都相當於「假設→證據」。

從結果倒推緣故，這叫「逆機率」（Inverse probability）。從緣故推結果容易，從結果推緣故就難了。比如你看見一個小孩向窗戶扔球，你可以估計窗戶被打碎的機率有多大，這是「正向機率」，容易推算。但如果你看到窗戶碎了，想要推測窗戶是怎麼碎的，那就非常困難了。

所以，如果我們要算一個逆機率，該怎麼算呢？這就要用上貝氏推論了。

貝氏定理

為了計算 $P(A|B)$，我們考慮這個問題：A 和 B 都發生的機率有多大？

這道題有兩個演算法。一個演算法是先算出 B 發生的機率有多大，是 $P(B)$；再算 B 發生的情況下，A 也發生的機率有多大，是 $P(A|B)$，那麼 A 和 B 都發生的機率，就是把

這兩個數相乘，結果是 $P(A|B) \times P(B)$。同樣的道理，先考慮 A 發生，再考慮 A 發生的條件下 B 也發生，結果是 $P(A|B) \times P(A)$。這兩個演算法的結果一定相等，於是得出：

$$P(A|B) = \frac{P(B|A)}{P(B)} \times P(A)$$

這就是貝氏定理。

現在我們來計算一個具體的應用。有一名四十歲的女性去做乳腺癌的檢測，檢測結果是陽性。那請問，這名女性真得了乳腺癌的機率有多大？

我們用 D 表示她得了乳腺癌，T 表示檢測結果為陽性，這個因果關係是乳腺癌導致陽性，即 D→T，因此我們要計算的是 $P(D|T)$。根據貝氏定理，我們需要 $P(D)$、$P(T)$ 和 $P(D|T)$。

在有新證據之前，$P(D)$ 就是同年齡會女性得乳腺癌的機率，統計表明是 1/700。

$P(T|D)$ 是如果這個人真的有乳腺癌，她的檢測結果為陽性的可能性。這是由檢查儀器的敏感度決定的，答案是七三%，儀器並不怎麼準確。

$P(T)$ 是隨便找個人，檢測出陽性的可能性是多大。這個我們沒有直接的資料，要拆成這個人有乳腺癌 (D) 和沒有乳腺癌 $(\bar{D})$ 兩種情況，其中 $(\bar{D})$ 等於 $1 - P(D)$，等於 699/700。

前面講了有乳腺癌、檢測為陽性的機率是七三%。而沒有乳腺癌的人還可能會被誤診

成陽性，已知這個誤診率 $P(D|T)$ 等於一二%。於是：

$$P(T) = P(T|D) \times P(D) + P(T|\bar{D}) \times P(\bar{D}) = 12.1\%$$

把這些數字代入公式，我們最終得到 $P(D|T)$ 等於 1/116。也就是說，哪怕這名女性被檢測出來是乳腺癌陽性，她真正得乳腺癌的機率也只有不到一%。

這是個非常令人出乎意料的結論，但貝氏定理不是什麼暗箱操作的魔法，看看圖 2 就一目了然了。

假設有三千名四十歲的女性，根據前面說的各項資料，其中只有四人真的有乳腺癌，而被正確檢測為陽性的只有三人。另一方面，被檢測儀器誤診為陽性的卻有三百六十人。所以在所有陽性診斷之中，只有不到一%的人真的有乳腺癌。

出現這種情況的根本原因就在於乳腺癌的患者比例很小，而檢測儀器又很不準確。

請注意，如果這名女性本身攜帶容易得乳腺癌的基因，那我們一開始選用的 $P(D)$ 就不是 1/700 了，而應該是 1/20。用這個數字進行計算，最後的 $P(D|T)$ 等於 1/3，就非常不一樣了。

這是一個關鍵的問題。一開始，你到底要根據什麼選擇 $P(D)$ 的數值呢？

那是你的主觀判斷。

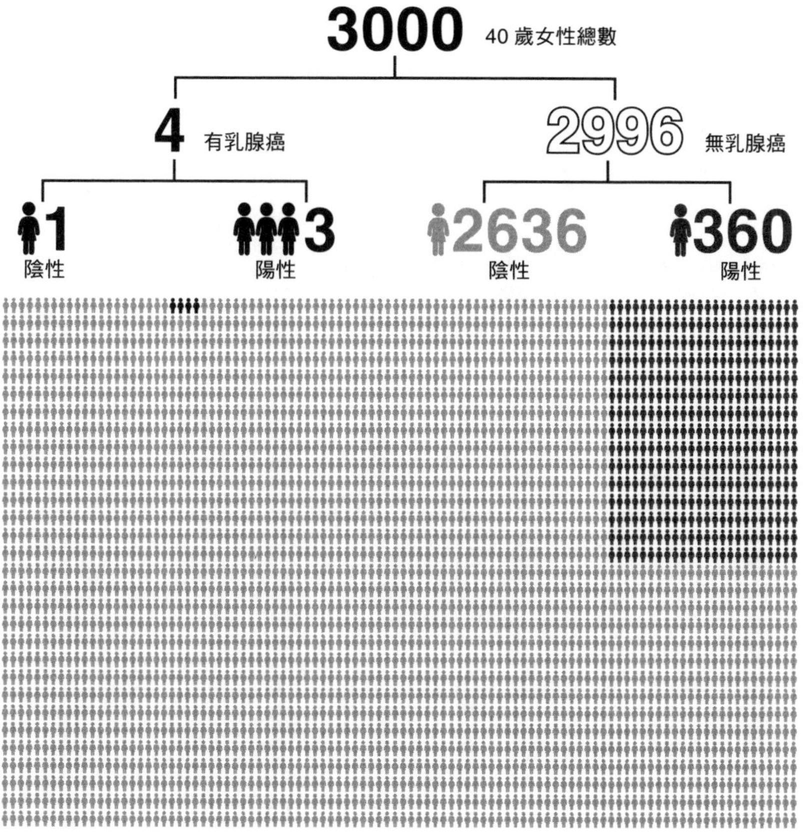

圖 2

信念的傳播

我們再看一眼貝氏定理：

$$P(A|B) = \frac{P(B|A)}{P(B)} \times P(A)$$

右邊乘法算式的第一項 $P(B|A)/P(B)$ 有時被稱為「概似比」。那麼貝氏定理可寫成：

$$P(\text{假設}|\text{證據}) = \text{概似比} \times P(\text{假設})$$

你可以把它理解成「觀念更新」的公式。「P(假設)」是你的老觀念，新證據發生之後，你的新觀念是「P(假設|證據)」。新觀念等於老觀念乘以概似比。

你的觀點，隨著事實發生了改變。

設想一下，如果每個人的閱歷和想法不同，一開始的觀點不一樣，那麼哪怕是面對同樣的證據，人們更新之後的觀點，也還是不一樣的。所以，貝氏推論本質上是個主觀的判斷方法，即同樣的證據，它允許你有不同的判斷。

這就是為什麼有很多統計學家攻擊貝氏推論。人們總是覺得科學方法應該是完全客觀的，但貝氏推論實際上是對科學方法的重大升級。

傳統的科學方法是提出一個理論假設，做實驗驗證，如果結果符合理論，該理論就暫時站得住腳；如果不符合，理論就被證偽了。這是非黑即白的劇情，理論要不繼續保留，要不澈底拋棄。

而貝氏推論則是先給理論假設設定一個可信度。新證據並不直接證實或者證偽理論，只是調整可信度的大小，做一個動態的判斷。

貝氏推論是一種實用主義的態度。我們做科學研究的目的並不一定是了解絕對真實的世界，也許絕對真實的世界根本就不可知；我們的目的是透過獲取實用的知識，做出盡可能準確的判斷和決策。這與前面說不追求絕對的因果關係和「為什麼」，只追求回答三種實用的因果問題，是一樣的道理。

一九八二年，珀爾把貝氏推論引入了人工智慧領域，發明了「貝氏網路」（Bayesian

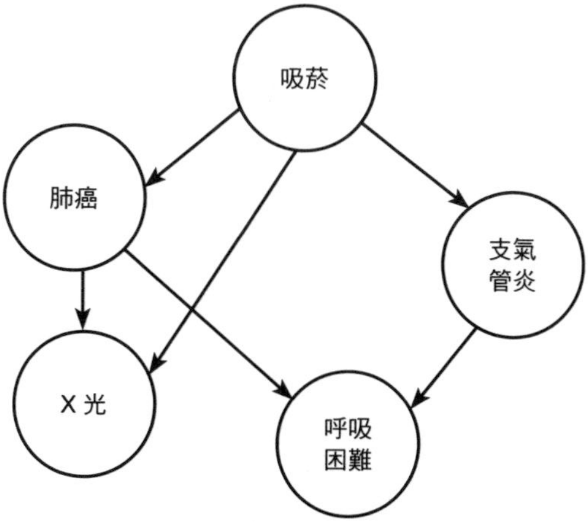

圖 3

network）。我們說的因果關係網路就是一種貝氏網路，如圖 3。

一般的貝氏網路並不要求有因果關係，A→B 僅僅代表從 A 到 B 有條件機率。工程師先給網路結構上的每一個節點設置一個信念值，然後用大量資料、用貝氏推論去更新這些信念值，計算 $P(B|A)$ 或者 $P(A|B)$。每一次出現新資料都能讓網路結構上的信念值更新一遍，這叫「信念傳播」信念傳播（Belief propagation）。

傳統的貝氏網路仍基於經驗，但比以前那種暴力式的資料分析要精確得多，用網路結構取代老式人工智慧演算法的暗箱操作。貝氏網路的計算方法完全適用於因果關係圖。

統計學家可能還在爭論這個方法到底對不對，但是所有人都得承認貝氏推論帶來的好處。你用手機打電話，把語音信號變成數字信號，再把數字信號編碼再解碼，用的就是貝氏推論。語音識別、過濾垃圾郵件過濾，鑽探油井，美國食品藥品監督管理局批准新藥，Xbox 替你的遊戲水準打分數……各種你想得到和想不到的應用，都在使用貝氏推論。

休謨問「我們到底該怎麼看待證據」，貝葉斯給的是一整套玩轉世界的方法。

貝氏推論是先評估一下自己的信念，設定「P(信念)」，等待新證據，待證據出來以後，用貝氏定理更新自己的信念，計算「P(信念|證據)」，繼續等待新證據……

不要說什麼「堅定不移」，也不要聽風就是雨。保持開放心態，讓你的觀點隨事實發生改變，用一個量化的數值決定你的判斷。雖然永遠都擺脫不了主觀的成分，但是你會做出更科學的決策。

番外篇 2

能用愚蠢解釋的，就不要用惡意

很多時候，你以為是這個組織有意做壞事，

其實更可能是它沒能力杜絕壞事。

生活中有很多小道理，你如果不滿足於一次就事論事，能把這個道理提煉出來，取個名字，就更容易推而廣之，成為一個有力的工具。比如我一說「唇亡齒寒」、「酸葡萄」，你馬上就知道是什麼意思，這些名詞相當於把某種思維包裝了起來，方便使用。

現在我們經常琢磨賽局的局面、心理學上的偏誤、統計學上的悖論、各種思維模型等，我認為這些東西應該獲得像成語典故和寓言故事一樣的地位，變成我們的文化基因。

如果每一個「士」都具有這樣的文化基因，那不但方便交流，而且能互相提醒，大大減少犯錯，促進科學決策。

漢隆剃刀就是這樣一個簡單的道理。你一定知道它，但是你不一定意識到它的威力。

我講個故事。

研究所主任徐治功給全所發了一封電子郵件，要求所有研究人員在一週之內回報自己這一年來的工作進展。大家都知道這個報告會影響到明年的研究經費，因此都非常認真地準備。結果一週過後，唯獨秦奮沒有交報告。徐治功問他怎麼回事？秦奮說：「哎呀！我忘了。」

又過了三天，徐治功又找上秦奮，但秦奮還是沒寫報告，他居然說又忘了。徐治功非常生氣，對秦奮說：「你是在侮辱我的智商嗎？你知不知道我拿到你們的報告之後還要彙整成全所的報告，現在我的時間都不夠了！啊，我明白了，上次評審沒讓你過，你報復我是不是？」

秦奮說冤枉啊！反問主任知不知道有個法則，叫「漢隆剃刀」？

「漢隆剃刀」大約是在一九九〇年，由一個叫漢隆（Robert J. Hanlon）的的美國人正式提出來，但是這個道理前人多有提及。我們可以把漢隆剃刀理解成「奧坎剃刀」的一個特殊情況。簡單地說，它的意思是——能解釋為愚蠢的，就不要解釋為惡意。

我舉個例子。

比如你今天晚上有個重要的報告要在家裡寫，正忙得焦頭爛額，你三歲的兒子平時不怎麼理你，今天卻非得纏著你玩，然後還打碎了一個碗。你說，他是故意挑這個時候與你作對嗎？

當然不是。他根本不理解你要寫報告，他只是碰巧今天想找你玩而已。

為什麼上次你的好姐妹過生日，邀請了好幾個同事去吃飯慶祝，偏偏沒叫你，是她突然對你有意見，以後不與你要好了嗎？

為什麼總是很快回覆郵件的上司，隔了一天都沒回覆你那封精心措辭的關鍵郵件，是因為他不打算繼續重用你了嗎？

漢隆剃刀說那不太可能。更可能的是你的好姐妹根本沒有精心準備生日聚會，那天臨時說起，就跟著一幫人去了；上司可能根本就沒看到你的郵件。

漢隆剃刀說的「愚蠢」，代表各種無知、偶然、非故意的原因，這些情況發生的可能性遠遠大於惡意。

我們先不用說「惡意」，真實生活中連「故意」都很少發生。比如上次你在路上正常開車，有一輛車非常蠻橫地從旁邊超車，要不是你緊急踩了剎車，可能就撞上了。你非常氣憤，立即按喇叭表達憤怒，但如果冷靜地想一想，你就會發現那個人不可能是故意針對你的。他根本就不認識你，他連你長什麼樣都不知道。

惡意就更少了。如果你與這個人很熟，平時關係還不錯，他有多大可能性突然對你有惡意呢？如果你們不熟，他更沒理由產生惡意。惡意是低機率事件。

而愚蠢，包括忘記、搞錯、漏掉、誤會、累了、被外力耽誤、不知情，或者純粹因為懶等等，則是高機率事件。其實我們平時很少會精心設計一個什麼決策，絕大部分時候都是被慣性和各種情緒驅動著走，遇到什麼事就做什麼事，渾渾噩噩，根本沒想那麼多。但我們一般意識不到自己的愚蠢，可能不經意地就做了一些讓人誤解的動作。

而人們之所以常常會把別人的不經意動作當成惡意，是因為不會換位思考。我們總是傾向於以為世界上的各種事都是圍繞自己進行的。你穿一身新衣服上班，設想了同事們的各種反應，殊不知絕大多數人根本沒注意。你看身邊一個人脾氣很不好，以為他是在生你的氣，殊不知他只是痛恨中國隊為什麼又輸了。換一個視角，不把自己放在中心，很多事情根本就不是事情。

我看到有人拓展了漢隆剃刀的概念，說能解釋為愚蠢的，就不要解釋為惡意；能解釋為無知的，就不要解釋為愚蠢；能解釋為可原諒的錯誤的，就不要解釋為無知；能用你未知的其他原因解釋的，就不要解釋為錯誤。[88]

這的確是個一層比一層更友好、也一層比一層真實可能性更大的序列。有這樣的精神，你會減少很多無緣無故的憤怒和壓力，你與他人、與世界的關係都會更好。

比如有一天晚上，你想休息了，隔壁鄰居家卻還在放響亮的音樂。你說他是明知會打擾你，但就是不在乎呢？還是他根本就不知道你能聽見音樂聲？

你最好假設他不知道，這樣你就能友好地提醒他一下。而友好的提醒，往往更能達到好效果。

反過來說，如果你非得假設鄰居就是對你有惡意，那就或者你自己生悶氣，或者你氣沖沖地去興師問罪，把本來不是敵人的也變成了敵人。

漢隆剃刀並不是精神勝利法，它在多數情況下反映了客觀事實，而且在現代社會愈來愈有用，特別是在理解公共事務上。

比如你持有的一檔股票突然暴跌，你聽到一些傳聞，說是「莊家」在惡意炒作。你應該相信這樣的陰謀論嗎？你要知道，大公司的股價其實是很難操縱的，投入很多資金也不能保證成功，而一旦失敗就會損失很多錢。更關鍵的是，數學上早就證明，哪怕市場上的每個人都是相當理性的，在沒有任何新聞的情況下，這些人的互動、一番追漲殺跌，也能讓股價有很大的波動。

金融作家道格拉斯．哈伯德（Douglas Hubbard）據此提出一個金融版的漢隆剃刀，說能用一群人在複雜系統中的互動來解釋，就不要解釋為惡意或愚蠢。[89]

再比如說川普某天又在推特上發表了一番奇怪的言論，他為什麼要那麼說呢？是在為即將到來的重大行動鋪陳輿論嗎？很可能不是。川普整天發表怪異言論。而且不光是川普，只要是人，只要經常說話，就難免會說一些情緒化、沒什麼意義的話。

政治專欄作家拉梅希・彭努魯（Ramesh Ponnuru）則是提出了一個大人物版的漢隆剃刀——能解釋為情緒的，就不要解釋為策略。[90]

漢隆剃刀最有價值的用法其實還不是對個人而言，而是對一個組織。我們為了認知方便，常常會有意無意地把一個公司或一個政府當作一個人，假設它有自由意志。其實，它最多只是一部機器。

而這部機器最擅長的是常規的專案。一個組織的目標是用有限的成本和普通的人才去做好大部分常規的事情。如果一家公司一年花兩千萬元就能做好八〇%的事情，而想做好剩下那二〇%得多投入八千萬元，那這公司最好的做法是放棄那二〇%。

好幾年前，有人偶然發現用Google搜尋歐巴馬夫人蜜雪兒（Michelle Obama）時，跳出來的一個圖片居然是大猩猩。很多人為此表示憤慨，紛紛指責Google種族歧視。可是Google說，我們的搜尋引擎是自動的，不可能用人力一張一張識別蜜雪兒的照片。

很多時候，你以為是這個組織有意做壞事，其實更可能是它沒能力杜絕壞事。再比如說馬來西亞航空三七〇航班失蹤事件剛發生的時候，很多人指責馬來西亞政府，說這政府怎麼管的？居然能讓這種事情發生？是不是有陰謀？結果還是馬來西亞當地記者比較了解自己的政府，說我們的政府真不是搞陰謀的料，我們是真的管不了。

其實很多政府都是這樣，日常的操作中就已經有大量的愚蠢和錯誤，要是碰上天災，那就更是應接不暇。

英國前首席新聞祕書伯納・英漢爵士（Sir Bernard Ingham）有這樣一段話——許多記

者沉醉在政府陰謀論中。我可以擔保，如果他們支持的是「政府搞砸論」，報導就會更準確一些。這段話深深切合漢隆剃刀的精神。

難道世界上就沒有陰謀、沒有惡意嗎？當然不是，但是我們必須了解，陰謀和惡意都是罕見的。超出尋常的論斷需要超出尋常的證據，你必須與這個人一而再，再而三地互動，最好直接對話，才能確定他有惡意。

而且別忘了湯瑪斯．謝林（Thomas C. Schelling）說的，哪怕是像冷戰時美蘇對峙那樣的局面，都應該建立一個熱線電話，防止誤判。[91]

因為真正的惡意攻擊很不容易發生，而對惡意的誤判則實在太容易發生了。

追根究柢，我們平時做事最好像做研究一樣，只處理事實，不猜測動機。人做一件事可以有好幾個動機，也可能根本沒動機，最常見的情況是這個人自己都不知道自己有什麼動機。與其推測動機，還不如摸清他做事的規律，與他建立互信機制。

徐治功還是有點半信半疑，他說秦奮就算沒有惡意，可是這麼重要的事，怎麼能忘兩次呢？秦奮回答這很正常吧。秦暉先生你聽說過吧？那可是著名歷史學家。他當年因為在圖書館讀書，連約好與未婚妻去拍結婚照都忘了。

徐治功說還有這回事？秦奮說那當然，明朝王陽明結婚當天讀書，連入洞房都忘了。我這幾天埋頭鑽研一個大課題，簡直入迷，忘了這個報告，不是很正常嗎？

徐治功大為嘆服，說：「看來健忘也是智商高的特徵啊！」

番外篇 3

敘事的較量

給交代就是給說法，

給說法就要靠敘事的功夫。

在第十章，我們講到了事實對人心的影響。理想的敘事應該提供事實，唯有事實，而且是全部的事實。然而有這麼一門常用的功夫，專門提供「部分的事實」。

有一個真實的案例，曾經震驚中外，將來必定也會被一代代人反覆討論。它反映了「部分的事實」有多厲害，我看應該把它寫進教科書，讓每一個想要理解世間事物之複雜性的人好好學習。這就是曾國藩主持辦理的「天津教案」。

關於天津教案的記載和論述極多，我們著重分析其中各方在「敘事」上的較量。

清同治九年（一八七〇年）的夏天，天津望海樓天主教堂辦的育嬰堂裡接連死了幾十名兒童。望海樓是法國天主教會建的，育嬰堂是個慈善機構，死的都是中國的孤兒。現在各方公認這些兒童是因當時的天津傳染病流行而死亡。

之後，兒童屍體被草草掩埋，又被野狗挖出來，弄得肢體不全，引發了民眾圍觀。此前中國民眾本來就在質疑育嬰堂為什麼要大量收容嬰兒和病人，這回更引發了「天主教挖眼剖心」、用兒童的眼睛製藥這樣的陰謀論。正好又趕上有個民間組織抓到兩個人口販子，從身上搜出了迷藥，人口販子說迷藥是望海樓教堂給的。於是民眾群情激憤，要求政府給個說法。

天津知府張光藻貼出了一份告示，其中關鍵的一句是這麼說的：「風聞該犯多人，受人囑託，散布四方，迷拐幼孩取腦挖眼剖心，以作配藥之用。」

你體會一下這句話。天津地方政府沒有撒謊。它沒說教會真的取腦挖眼剖心配藥，它甚至完全沒提「教會」二字，它說的是「風聞」。但是政府正式文告這麼說，本身就是強烈的暗示。這使天津百姓憤怒不已。

民眾到法國教堂找洋人對質，洋人拒不承認，民眾愈聚愈多，最後達到了上萬人。法國駐天津總領事豐大業（Henri Victor Fontanier）找到天津三口通商大臣崇厚，要求立即派兵鎮壓。雙方愈說愈激動，豐大業竟然對崇厚開槍，沒打中。然後豐大業自己帶人前往教堂，正好趕上天津知縣劉傑也來疏散民眾。豐大業指責劉傑辦事不力，又向劉傑開槍，打傷了劉傑的家丁。圍觀民眾大怒，當場打死豐大業和他的祕書，血洗了教堂……總共殺死了近二十個外國人和超過三十個中國信徒。

我們今天看，教堂在這件事裡是無辜的。中國官員和民眾第一次前往對質的時候，神父熱情相待，對各方面情況充分介紹，處理得沒什麼問題。不遠萬里跑到中國來搞慈善，最後得了這樣的結果，特別是死了十名修女，哪個國家也接受不了。

但是請注意，這個「但是」非常重要，中國民眾仇視教堂的情緒也是可以理解的。教會到中國來並不僅僅是為了傳教和慈善，教堂幫助了一部分中國人，同時也傷害，或者至少侵犯了一部分中國人的利益。教堂與中國士紳階層有權力和價值觀的結構性衝突。更關鍵的是，教堂在中國是一支特權力量。同治年間大小教案百餘起，清朝政府每一次都選擇了屈服。[92]

所以當時教堂在中國所面對的情況是政府不敢管，士紳暗中反對，民族意識覺醒的普通民眾則明著反對，天津教案把矛盾徹底激發出來了。法國政府聯合英、美等國向清朝政府提出強烈抗議，要求處死天津知府張光藻、知縣劉傑和提督陳國瑞，為教堂方的死者償命，否則就要把海軍調過來，有可能開戰。

清廷的態度一開始是矛盾的。醇郡王和內閣中書李如松等人主張民心可用，乾脆借著這股情緒，與法國開戰。而恭親王奕訢是做實事的，知道這仗不能打，主張以妥協求和局。慈禧太后文化程度低，可能內心有點相信洋人真的殘害了中國人，但是自己又怕，最後同意了妥協策略。

清廷給本案負責人、直隸總督曾國藩的精神是「消弭釁端、委曲求全」，從而「使民心允服，始能中外相安」[93]。

既要民心允服，又要中外相安，這在當時的局面下是個自相矛盾的要求。如果你是曾國藩，你怎麼辦？

面對自相矛盾的要求，處理的最佳結果一定是自相矛盾的。而這個結果好不好，完全取決於別人想怎麼評價你。曾國藩的命運已經註定不能掌握在自己手中。

當時曾國藩六十歲，患有嚴重肝病，右眼還完全失明，正在休病假。他早就提出要退休，但不被批准，這件事他不想辦也得辦。洋人、朝廷、百姓本來就是猜拳般的三方矛盾關係，現在曾國藩卻必須對三方都給出一個交代。

給交代就是給說法，給說法就要靠敘事的功夫。

曾國藩表現出極高明的敘事功夫。

對朝廷，曾國藩首先表態：第一，洋人確實占據主動，所以我得「當量予以轉圜」；第二，我該硬會硬的，「亦必據理駁斥」；第三，洋人要打，我們確實最好不打，但是我們也不能不準備，所以命令李鴻章從陝西帶兵過來做個準備。這個表態有理，有利，有節，沒問題吧？

對洋人，曾國藩選擇先把事實調查清楚，給個公道。曾國藩發出公告，說誰親眼看見洋人挖眼剖心，或誰有明確證據的，可以舉報，結果一個人都沒有。曾國藩又通告說天津城流傳孩子被拐的傳聞，要是誰家真的丟了孩子，可以來報告，結果也一個都沒有。曾國藩又審問了從仁慈堂裡「救出」的婦女、幼孩一百餘人，都說「系多年入教、送堂豢養，並無被拐情事」。

曾國藩採取了就事論事的態度，最後處理結果是把暴徒二十人判死刑，二十五人流放，天津知府、知縣發配黑龍江，賠償各國白銀大約五十萬兩，然後崇厚親赴法國道歉。曾國藩堅持案件必須按照中國法律判決，可以說維護了國家主權。

法國對這個結果不滿意，但是正好趕上普法戰爭爆發，法國無暇東顧，最終同意不殺中國官員。曾國藩本來不認為二十個人都應該判死刑，但是奕訢給了個政策，說：「抵命之數宜略增於傷斃之數，否則我欲一命抵一命，恐彼轉欲一官抵一官，將來更費周折。」

對百姓和公共輿論，曾國藩也必須給一個說法。然而這個說法發生了一個轉折，可以說最終要了曾國藩的命。

案情清楚之後，曾國藩上了一道奏摺，叫《查明天津教案大概情形摺》。曾國藩知道這份奏摺將會被公之於天下，等於是對整個事件的定調，他必須寫好。而且他知道，這份奏摺將會決定世人對他在這個事件中所扮演角色的評價。

曾國藩在奏摺中給洋人教堂洗清名譽，明確教堂沒做過「殺孩壞屍、採生配藥」的事情。為了確保政治正確，他還特別說了一段：「天主教本系勸人為善，聖祖仁皇帝時久經允行，倘戕害民生若是之慘，豈能容於康熙之世？」這可不只是我曾國藩說天主教好話，是連康熙皇帝都允許的。

曾國藩這個定調展現了他作為大臣的責任感。「採生配藥」的傳聞如果說不明白，將來仍會有傳言，還會繼續發生教案。曾國藩想要稍微彌補一下洋人與百姓之間的隔閡。這沒問題吧？可是作為中國官員，不能只為洋人說話，不為百姓說話啊！

於是，曾國藩在奏摺中加了一個大大的「但是」。

曾國藩說中國民眾強烈反感教堂，這也是可以理解的，因為教堂做事的確有點怪異。比如說，為什麼教堂的大門平時總關著呢？為什麼你們治好病人卻不讓人回家，非得讓人信教呢？為什麼瀕死的人都要被洗禮呢？為什麼有的母子同在教堂，卻經年不讓其相見呢？再加上教堂死人過多，才導致流言大起。曾國藩把這些疑點稱為「五疑」，說教堂也有責任，中國百姓是被你們誤導了。

這個表態可以說同時照顧了洋人和百姓的情緒，而且為將來類似問題的處理做出了樣板，絕對可以說是公忠體國了。

然而清廷辜負了曾國藩。

朝廷按照曾國藩的意見，該殺人就殺人，該賠償就賠償了，但從未發布官方說法，明確表示以前傳聞洋人教堂「採生配藥」都是假的。在普通人看來，這就意味著為洋人開脫是曾國藩的個人意見，朝廷是被逼無奈，才不敢處理教堂。

更讓曾國藩萬萬沒想到的是，朝廷在《邸報》發表他的奏摺時，故意刪除了他那段「五疑」的「但是」。沒有了這一段，曾國藩就是只為洋人說話，不為百姓做主。

這簡直匪夷所思。我們作為現代人怎麼也理解不了，一位朝廷重臣的文章，竟然能被人這麼刪。

曾國藩想說全部的事實，朝廷只讓他說部分的事實。

後世史家分析，清廷是故意借天津教案這件事對曾國藩的威望做沉重一擊。曾國藩平定太平天國功勞太大，他的湘軍勢力就算不是朝廷的威脅，也已經成了沉重的負擔。讓曾國藩離開湘軍去當直隸總督，讓一個外人馬新貽去當兩江總督，直接在湘軍的地盤上整治湘軍，就已經是在打擊曾國藩了。[94]

曾國藩完全知道「權臣不得善終」這個政治規律，他乾脆不管，想著若我光榮退休，這樣行不行？

不行，退休的曾國藩也是湘軍精神領袖，有汙點的曾國藩才是讓人放心的好大臣。天津教案正好是個機會。

不過在我看來，按照清廷的一貫行為模式，就算沒有曾國藩，這件事也必須有人背鍋。清朝政府怎麼可能屈服於洋人呢？必須是某大臣賣國。就在曾國藩處理天津教案期間，兩江總督馬新貽遇刺身亡，朝廷不得不調曾國藩回去做兩江總督。但是接替曾國藩當直隸總督的李鴻章遲遲不肯上任，意即你曾國藩必須把教案處理完，我再接手，這個鍋必須你背。

如果是你，請問你怎麼辦？難道舉行中外記者招待會說明情況嗎？難道等過幾年退休後出個回憶錄嗎？那是絕對不允許的，別忘了你的門生故舊、你的兄弟、你的兒子都還在官場。曾國藩不可能與朝廷翻臉，有的遊戲是想退出都不行。

曾國藩成了全民公敵。他在寫給朋友們的信裡一提到這件事，必會說八個字：「外慚清議，內疚神明。」我認了，這鍋我背了。

據法國代理天津領事說，中國對天津教案犯人執行死刑當天的刑場上，群眾雲集，「犯人們向一批批群眾高聲叫喊，問：『我們面可改色？』大夥立刻齊聲回答：『沒有！沒有！』他們控訴當官的把他們的頭出賣給洋人，叫人們用『好漢』的稱呼來表示對他們的尊敬，人們當即同聲高呼。」[95]

天津教案兩年後，曾國藩在國人的罵聲中病死。

天津教案八年後，曾國藩的兒子曾紀澤出任駐英國和法國公使，臨行前受到慈禧太后的召見。曾紀澤想趁機給父親爭取一個公正的評價。他再次提出，曾國藩臨死前整天說自己「外慚清議，內疚神明」。

慈禧聽罷，終於說了一句：「曾國藩真是公忠體國之人。」

曾國藩的敘事功夫爐火純青，卻落成天津教案的大輸家。

而真實的複雜裡沒有贏家，教堂在中國的事件仍然沒解決。

天津教案三十年後，義和團運動爆發，又是望海樓教堂出事，最終以八國聯軍進北京作為結局。這一次，朝廷和百姓都是輸家。

　　李鴻章躲過了天津教案的鍋，殊不知還有《馬關條約》和《辛丑條約》兩個更大的鍋等著他去背。

註釋

—第1章　誰需要思考？—

❶《為什麼這麼荒謬還有人信？揭開你我選擇相信與拒絕相信的心理學》（*Not Born Yesterday: The Science of Who We Trust and What We Believe*），雨果．梅西耶（Hugo Mercier）著。

❷ Margaret McCartney, *The Patient Paradox: Why sexed-up medicine is bad for your health* (2013).

❸同前註。

❹ Eliezer Yudkowsky, *Inadequate Equilibria: Where and How Civilizations Get Stuck* (2017).

—第2章　別指望奇蹟—

❺ Emily M. Zitek, Alexander H. Jordan, *Individuals Higher in Psychological Entitlement Respond to Bad Luck with Anger* (2021).

—第3章　滿腔熱忱，一廂情願—

❻ Anthony Bastardi, Eric Luis Uhlmann, Lee Ross, *Wishful Thinking: Belief, Desire, and the Motivated Evaluation of Scientific Evidence* (2011).

❼ Cathleen O'Grady, Misconduct Allegations Push Psychology Hero Off His Pedestal (https://www.sciencemag.org/news/2020/07/misconduct-allegations-push-psychology-hero-his-pedestal).

❽這些研究結論來自美國癌症學會網站（https://www.cancer.org/cancer/cancer-basics/attitudes-and-cancer.html），「果殼網」的蕨代霜蛟寫了一個編譯版《樂觀就能戰勝癌症嗎？》（https://www.guokr.com/article/438568/）。

❾ Robert Jervis, *Perception and Misperception in International Politics* (2017).

—第4章　圈裡的人和組合的人—

❿《學做工：勞工子弟何以接繼父業？》（*Learning to Labour: How Working Class Kids Get Working Class Jobs*），保羅．威利斯（Paul Willis）著。

⓫ C.S. Lewis, The Inner Ring, *The Weight of Glory and Other Addresses* (2001).
⓬ 同前註。
⓭ Alan Jacobs, *How to Think: A Survival Guide for a World at Odds* (2017).
⓮ 意指人們只關注自己感興趣的資訊，進而形成一個封閉的資訊環境。

—第5章　人生不是戲—

⓯《思考不過是一場即興演出：用行為心理學揭開深層心智的迷思》（*The Mind is Flat: The Illusion of Mental Depth and the Improvised Mind*），尼克．查特（Nick Chater）著。
⓰ Joann Muller, Traffic Fatality Rates Spiked During the Pandemic (https://www.axios.com/traffic-fatality-rates-spike-during-pandemic-fb4e462d-d258-4c8f-84f3-59a667299fdf.html).
⓱ 比如榴彈怕水的《紹宋》。
⓲ Morgan Housel, *Lots of Things Happening At Once* (https://www.collaborativefund.com/blog/lots-of-things-happening-at-once/).
⓳ 此歷史學派主張歷史的過程皆是從愚昧到進步的。

—第6章　我們是複雜的，他們是簡單的—

⓴ Robert Jervis, *Perception and Misperception in International Politics* (2017)，本章國際政治的例子皆來自此書。
㉑《預測工程師的遊戲：如何應用賽局理論，預測未來，做出最佳決策》（*The Predictioneer's Game: Using the Logic of Brazen Self-Interest to See and Shape the Future*），布魯斯．梅斯吉塔（Bruce Bueno de Mesquita）著。
㉒ 同前註。

—第7章　批判的起點是智識的誠實—

㉓「得到」App 上卓克的「科技參考」專欄對此有一篇分析文章，《核汙染：福島核電站要向太平洋排汙？》。
㉔ https://en.wikipedia.org/wiki/Cognitive_bias

㉕《大腦決策手冊：該用腦袋的哪個部分做決策？》（*How We Decide*），雷勒（Jonah Lehrer）著。

㉖這個事例來自麥爾坎．葛拉威爾（Malcolm Gladwell）的 Podcast 節目「Revisionist History」，題為「The Big Man Can't Shoot」（http://revisionisthistory.com/episodes/03-the-big-man-cant-shoot）；知乎的「西界 WestDistrict」有全文翻譯（https://zhuanlan.zhihu.com/p/48057866）。

㉗《蘋果橘子思考術》（*Think Like a Freak: The Authors of Freakonomics Offer to Retrain Your Brain*），李維特（Steven D. Levitt）、杜伯納（Stephen J. Dubner）合著。

—第8章　立場、事實和觀點—

㉘當然，現在中國的語文老師中有些有識之士，已經意識到了透過作文教批判性思維的必要性。比如上海市特級教師余黨緒便著有《祛魅與祛蔽：批判性思維與中學語文思辨讀寫》一書。

㉙參見「得到」App「李翔知識內參」專欄中的一篇文章，《區分事實與觀點，要從小抓起》。

㉚https://quoteinvestigator.com/2011/07/22/keynes-change-mind/

—第9章　語言、換位和妥協—

㉛Robert J. Aumann, *Agreeing to Disagree* (1976)，我在《萬萬沒想到》一書中講過這個定理。

㉜Rachel Joyce, *A Snow Garden and Other Stories* (2015).

㉝《冷思考：社群時代狂潮下，我們如何在衝突中活出自己，與他者共存》（*How to Think: A Survival Guide for a World at Odds*），亞倫．傑考布斯（Alan Jacobs）著。

㉞這句話最早出自英國銀行家尼古拉斯．溫頓爵士（Sir Nicholas George Winton），他在第二次世界大戰中解救過六百六十九名兒童。

—第10章　怎樣用真相誤導？—

㉟這個故事流傳極廣，但是據考證，這不是真的。參見劉江華文章，《曾國藩是否上過「屢敗屢戰」摺？》（https://www.sohu.com/a/140623060_772373）。

㊱「信布」有個典故。《三國志．楊阜傳》中楊阜曾對曹操說：「超有信、布之勇，甚得羌、胡心，西州畏之。」這裡的信布，有人認為是指紀信和欒布，都是忠臣；但也有人認為是韓信和英布，那樣的話性質就變了。

㊲《後真相時代：當真相被操弄、利用，我們該如何看？如何聽？如何思考？》（*How the Many Sides to Every Story Shape Our Reality, Little, Brown Spark*），海特．麥當納（Hector Macdonald）著。

㊳ https://www.factcheck.org/person/donald-trump/

—第11章　三個信念和一個願望—

㊴ Eugene Wigner, *The UnreasonableEffectiveness of Mathematics in the Natural Sciences* (1960).

㊵ 關於這一點的詳細論述，可以參考吳國盛《什麼是科學》一書。

㊶《中國近現代科技轉型的歷史軌跡與哲學反思 第二卷：師夷長技》，劉大椿等著。

—第12章　奧坎剃刀—

㊷《犯罪心理分析：惡的群像及如何遠離》，張蔚著。

㊸《思考不過是一場即興演出》，尼克．查特著。

—第13章　我們為什麼相信科學？—

㊹《我們如何思考：杜威論邏輯思維》（How We Think），約翰．杜威（John Dewey）著。中國學者胡適、馮友蘭、陶行知等人都深受杜威影響。杜威的書至今仍然在賣，可謂經久不衰。

㊺《科學態度：對抗陰謀論、欺詐，並與偽科學劃清界線的科學素養》（*The Scientific Attitude: Defending Science from Denial*），麥金泰爾（Lee McIntyre）著。

㊻ 費曼對於此事的評論見於《別鬧了，費曼先生：科學頑童的故事》（*Surely You're Joking Mr. Feynman: Adventures of a Curious Character*）一書，其「草包族科學」（Cargo Cult Science）一節。

㊼ 物理學家普朗克（Max Planck）有句名言：「新科學事實之所以勝出，並不是因為反對者都被說服了，而是因為反對者最終都死了，然後熟悉這個事實的新一代人長大了。」

48 Naomi Oreskes, *Why Trust Science?* (2019).

—第14章　演繹法和歸納法—

49 三個例子都來自前註所提之書。

50 Edward H. Clarke, *Sex in Education; or, a Fair Chance for Girls* (2017).

—第15章　科學結論的程序正義—

51 據新華社二〇二〇年十一月報導，陳秀雄、王兵證明了「漢密爾頓—田」和「偏零階估計」這兩個國際數學界二十多年來懸而未決的核心猜想。

52 更詳細的說明可以參考「精英日課」專欄，《P<0.05：科學家的隱藏動機》。

53 Carl Bialik, *Relatively Small Number of Deaths Have Big Impact in Pfizer Drug Trial*, The Wall Street Journal, Dec.6, 2006.

—第16章　優秀表現需要綜合了解—

54 此為中國一些培訓機構提出的速讀方法，屬偽科學。曾引發媒體報導，受到多人質疑。

55 出自美國前陸軍上校大衛・哈沃克斯（David Hackworth）。

56 Daniel Russell, *The Joy of Search: A Google Insider's Guide to Going Beyond the Basics* (2019).

57 Eliezer Yudkowsky, *Inadequate Equilibria: Where and How Civilizations Get Stuck* (2017).

58 《優秀的綿羊：耶魯教授給20歲自己的一封信，如何打破教育體制的限制，活出自己的人生》（*Excellent Sheep: The Miseducation of the American Elite and the Way to a Meaningful Life*），威廉・德雷西維茲（William Deresiewicz）著。

59 https://gonglue.us/2540

60 https://medlineplus.gov/druginfo/natural/967.html

61 https://www.ncbi.nlm.nih.gov/pmc/articles/PMC6567205/

62 https://www.ncbi.nlm.nih.gov/pmc/articles/PMC2952762/

63 https://www.ncbi.nlm.nih.gov/pmc/articles/PMC4033486/

—第17章　生活中的觀察和假設—

64《用科學方法解決日常生活大大小小的難題》（*Solving Everyday Problems with the Scientific Method: Thinking Like a Scientist*），麥當強、麥安琪、麥博威合著。

—第18章　拒絕現狀，大膽實驗—

65 Scott Adams, *How to Fail at Almost Everything and Still Win Big* (2014).

66 Eliezer Yudkowsky, *Inadequate Equilibria: Where and How Civilizations Get Stuck* (2017).

67《用科學方法解決日常生活大大小小的難題》，麥當強、麥安琪、麥博威合著。

68 Peter H. Diamandis, Steven Kotler, *The Future is Faster than You Think: How Converging Technologies are Disrupting Business, Industries, and Our Lives* (2020).

69 我購買的這個東西叫 LIFTiD Neurostimulation。搜尋「ｔＤＣＳ」可以找到類似產品。再次強調，我試用的結果是沒有用。

—第19章　公平和正義的難題—

70 指僅透過網路作為中介的點對點理財方式。

71 指九點上班、九點下班、一週工作六天的工作制。

72《行為：暴力、競爭、利他，人類行為背後的生物學》（*Behave: The Biology of Humans at Our Best and Worst*），羅伯・薩波斯基（Robert M. Sapolsky）著。有關自由意志的說法請參考「精英日課」專欄，《行為：自由意志是個難以接受的推論》。

73《因果革命：人工智慧的大未來》（*The Book of Why: The New Science of Cause and Effect*），朱迪亞・珀爾（Judea Pearl）著。

—第20章　怎樣從固定事實推測真相？—

74 Allan Megill, *Historical Knowledge, Historical Error: A Contemporary Guide to Historical Practice* (2007)，此處參考並強烈推薦閱讀此書。

❼❺ 前三個標準來自科學哲學家保羅・薩加德（Paul Thagard），第四個標準來自歷史學家，這些都出於前註所提之書。而這些標準在法學上的應用，參考徐夢醒《法律論證規則研究》一書。

❼❻ 最高人民法院二〇一七年六月五日發布《十年前彭宇案的真相是什麼？》（https://weibo.com/3908755088/F7TWtpb3w?from=page_1001063908755088_profile&wvr=6&mod=weibotime&type=comment#_rnd1629436889627）。

❼❼ 出處同註74。一九九八年，有人把海明斯的幾個後代和傑佛遜的叔叔做DNA比對，發現莎麗・海明斯的最後一個兒子，艾斯頓・海明斯（Eston Hemings）的父親幾乎可確定是傑佛遜家族中的人，所以事實基本上清楚了。

—第21章　神來之類比—

❼❽ Brooke Noel Moore, Richard Parker, *Critical Thinking* (1986).

❼❾《看穿假象、理智發聲，從問對問題開始：美國大學邏輯思辨聖經》（*Asking the Right Questions: A Guide to Critical Thinking*），尼爾・布朗（M. Neil Browne）、史都華・基里（Stuart M. Keeley）合著。

❽⓿ Richard W. Paul, Elder Linda, *Critical Thinking: Tools for Taking Charge of Your Professional and Personal Life* (2002).

❽❶ Eugenia Cheng, *The Art of Logic in an Illogical World*, (2018).

❽❷ Douglas R. Hofstadter, Emmanuel Sander, *Surfaces and Essences: Analogy as the Fuel and Fire of Thinking*, (2013).

❽❸ https://www.madewill.com/thinking-model/100-mental-models.html

❽❹《多模型思維：天才的32個思考策略》（*The Model Thinker: What You Need to Know to Make Data Work for You*），裴吉（Scott E. Page）著。

—第22章　兩條歧路和一個心法—

❽❺ 出自王小波《沉默的大多數》一書序言，這篇序寫於他去世前二十二天。這是一本明辨是非的書。

❽❻ 關於這些研究的一個總結，可以參考Gwen Dewar, Teaching critical thinking: An Evidence-Based Guide（https://www.parentingscience.com/teaching-critical-thinking.html）。

❽❼ 關於此說的綜述可見於Jill Barshay, Scientific Research on How to Teach Critical Thinking Contradicts Education Trends（https://hechingerreport.org/scientific-research-on-how-to-teach-critical-thinking-contradicts-education-trends/）。

—番外篇2　能用愚蠢解釋的，就不要用惡意—

88 出自 rwallace 在 LessWrong 網路社群的一個評論（https://www.lesswrong.com/posts/GG2rtBReAm6o3mrtn/defecting-by-accident-a-flaw-common-to-analytical-people?commentId=uJYobM8MLWLpM3cAT）。

89 Douglas Hubbard, *The Failure of Risk Management: Why It's Broken and How to Fix It* (2009).

90 https://www.bloomberg.com/opinion/articles/2016-01-25/cruz-hating-republicans-need-a-reality-check

91 詳細可見《高手賽局》一書第八章。

—番外篇3　敘事的較量—

92 《走出晚清：涉外人物及中國的世界觀念之研究》（第二版），李揚帆著。

93 辦案過程的詳細情況，張宏杰的《曾國藩傳》說得很好。本章提及曾國藩辦案之引文均出自此書。

94 《同光年間湘淮分野與晚清權力格局變遷（1862~1895）》，邱濤著。

95 《中國近代通史》（第二卷），姜濤、卞修躍著。

國家圖書館出版品預行編目 (CIP) 資料

高手決斷：「精英日課」人氣作家，帶你突破偏誤、盲點、偽邏輯，以科學思考打造優勢決策／萬維鋼著 . -- 初版 . -- 臺北市：遠流出版事業股份有限公司，2022.10
面；　公分
ISBN 978-957-32-9775-8（平裝）

1.CST: 科學方法論　2.CST: 思考

301.2　　111014706

Beyond 038
高手決斷
「精英日課」人氣作家，帶你突破偏誤、盲點、偽邏輯，以科學思考打造優勢決策

作者／萬維鋼

資深編輯／陳嬿守
封面設計／兒日設計
行銷企劃／舒意雯
出版一部總編輯暨總監／王明雪

發行人／王榮文
出版發行／遠流出版事業股份有限公司
104005 臺北市中山北路一段 11 號 13 樓
電話／ (02)2571-0297　傳真／ (02)2571-0197　郵撥／ 0189456-1
著作權顧問／蕭雄淋律師

2022 年 10 月 1 日　初版一刷
2023 年 11 月 30 日　初版三刷
定價／新臺幣 380 元（缺頁或破損的書，請寄回更換）

ISBN 978-957-32-9775-8

遠流博識網　http://www.ylib.com　E-mail: ylib@ylib.com
遠流粉絲團 https://www.facebook.com/ylibfans